21世纪 高职高专教育统编教材

水泵运行原理与泵站管理

刘家春 杨鹏志 刘军号 马艳丽 编 著

沙鲁生 主 审

U0280914

中国水利水电出版社
www.waterpub.com.cn

内 容 提 要

  本教材为 21 世纪高职高专教育统编教材。全书共八章，主要内容有：水泵的基础知识、水泵的性能、水泵的运行、机组的选型与配套、泵站工程设施、泵站辅助设备、机组和管路的安装及泵站运行管理等。

  本教材可作为高职高专水利工程、灌溉与排水技术、港口航道与治河工程、城市水利、水务管理、机电设备运行与维护、机电排灌设备与管理生产技术等专业的教材，也可作为泵站管理人员的培训教材，还可供相关专业的师生及工程技术人员参考。

前　言

本教材紧紧把握住高职高专人才培养的目标，突出高素质技能型人才的培养，以实际工程训练为特色，以工学结合突出高职高专的教学理念。

本教材突出理论知识在实践中的应用，注重学生基本技能、专业技能的培养以及在工程实践中的应用，体现实践性；通过引入大量的工程实例，使教学内容与生产实际有机结合，体现实用性；教材内容紧密结合生产实际，突出专业技术的应用，培养学生的技术应用能力，体现针对性；教材增加了泵站运行管理和节能的新技术、新工艺、新方法，新成果、新设备，体现先进性；引用最新的规范、标准，体现规范性。

内容叙述力求结构合理，层次分明，逻辑性强，语言简练，深入浅出，行文流畅，便于阅读；有关数据翔实可靠。

本教材绪论、第七章、第八章由徐州建筑职业技术学院刘家春编写；第四章、第五章由河北工程技术高等专科学校杨鹏志编写；第三章、第六章由安徽水利水电职业技术学院刘军号编写；第一章、第二章由杨凌职业技术学院马艳丽编写。

全书由刘家春、杨鹏志、刘军号、马艳丽编著，扬州大学沙鲁生主审。主审人对书稿进行了认真细致的审查，编者在此深表谢意。

本教材编写过程中，参考、引用了有关院校编写的教材和生产科研单位的技术资料和研究成果，除部分已经列出外，其余未能一一注明。在此一并致谢。

本教材在高职高专课程开发和工学结合等方面进行了有益的尝试和探索，不当和疏漏之处在所难免，敬请各院校的同行和读者批评指正，并提出意见和建议。

编　者
2008 年 11 月

目录

绪　　论

一、水泵与水泵站在国民经济中的地位和作用

泵是人类应用最早的机器之一。随着生产的发展和对自然规律的认识和掌握，由古代人们所使用的桔槔、辘轳、水车、恒升等提水机具，逐步发展成为现代的泵。

在我国国民经济中，泵对工农业生产及人们的日常生活起着越来越重要的作用。从上天的飞机、火箭，到入地的钻井、采矿；从水上的航船、潜艇，到陆地上的火车、汽车；无论是轻工业、重工业，还是农业、交通运输业；无论是尖端科学，还是人们的日常生活，都离不开泵，到处都可以看到它在运行。因此，泵被称为通用机械，它的产量仅次于电动机的产量，它所消耗的电能约占世界发电总量的1/4。

在火力发电厂中，由锅炉给水泵向锅炉供水，锅炉将水加热变为蒸汽，推动汽轮机旋转并带动发电机发电。从汽轮机排出的废汽到冷凝器冷却成水，需要冷凝泵将冷凝水压入加热器进行再次循环，冷凝器用的冷却循环水由循环水泵供给。此外，还有输送各种润滑油、排除锅炉灰渣的特殊专用泵等。泵在火力发电厂中的应用极为广泛，泵的工作对火力发电厂的安全生产和经济运行，起着非常重要的作用。

在采矿工业中，矿井的井底排水，矿床的疏干，掘进斜井的排水，水力掘进，水力采矿，水力选矿及水力输送等需要建造一系列的泵站来满足采矿的需要。在煤炭开采中，排水泵不仅对安全生产至关重要，而且在煤炭开采中所消耗的能源占消耗总能源的比重较大，其运行中的节能降耗对降低生产成本具有较大的影响。

在化学工业中，无论是化工液体的输送，还是化工工艺流程中的工艺用水、循环冷却用水，均由相应的泵来实现，泵被称作为化工工艺流程的心脏，泵在化学工业中具有举足轻重的作用。

在工程施工开挖基槽中，需用水泵抽水降低地下水位或排除基坑中的积水；施工工地的供水、输送混凝土、砂浆和泥浆等，也必须由泵来实现。

在农田排水和灌溉中，水泵的使用极为广泛，有大流量低扬程的排涝泵站，有高扬程的梯级灌溉泵站，有跨流域调水泵站，还有开采地下水的井泵站以及解决边远地区人、畜饮水的泵站。这些泵站在抗御洪涝、干旱灾害，改善农业生产条件，实现高产稳产，跨流域调水，乡镇供水排水等方面起着极为重要的作用。我国地域幅员辽阔，而水资源却极为短缺，人均拥有水量仅为世界人均水量的1/4，由于受自然地理条件的影响，天然降水的时空分布很不平衡，有一半的国土处于缺水或严重缺水状态。西北高原地区、华北平原井灌区和南方丘陵地区，都必须用水泵提取地表水或地下水进行农田灌溉；而我国另一部分地区，如南方和华北平原河网区，东北、华中圩垸低洼区，又必须用水泵排水。

农田排水和灌溉的泵站在我国国民经济各领域的泵站中所占比重最大，工程的规模也

最大。如江都水利枢纽由 4 座泵站组成，据最新统计，共装机 5.3 万 kW，设计流量为 $508.2m^3/s$，抽送江水至京杭大运河和苏北灌溉总渠，灌溉沿线农田，并排除里下河地区的内涝，还可提供大运河航运及沿岸工业和城镇生活用水。

南水北调东线工程从江都水利枢纽抽长江水北上，沿途经 13 级泵站，将长江水抬高约 40m 后，穿过黄河后自流到天津，输水主干线长达 1156km，跨越长江、淮河、黄河、海河四大流域。其主体工程由输水工程（包括输水河道工程、泵站枢纽工程、穿黄工程）、蓄水工程和供电工程三部分组成。工程规模浩大，设备先进，运行管理和调度系统复杂，并采用很多先进技术。

在市政建设中，水泵及泵站是城镇给水和排水工程的重要组成部分，是保证给水、排水系统正常运行的重要设施，在给水、排水工程中具有不可替代的作用。

水泵与水泵站在保证工农业生产，提高人民生活水平和促进国民经济各行业的发展，保证人民生命财产安全等方面发挥着越来越重要的作用，取得了显著的社会效益和经济效益。

二、我国机电排灌泵站的发展状况

1949 年以来，随着我国工农业的迅速发展，农田排水和灌溉标准的提高，高原灌区的大力发展，沿江滨湖渍涝地区的不断治理，地下水资源的开发利用，以及多目标大型跨流域调水工程的实施等，使我国机电提水排灌事业得到了很大发展，排灌设备容量和排灌效益都有了成百倍的增长。从 1949 年全国机电排灌动力 71343kW，受益面积 328 万亩，到目前已建成大、中、小型固定泵站 50 多万座，总装机容量达 7000 余万 kW，机电排灌面积近 5 亿亩，泵站提水排涝和灌溉的面积分别占全国有效排涝面积和灌溉面积的 21% 和 56%。

我国已建成了流量最大的江都水利枢纽，泵站提水流量达 $508.2m^3/s$，现已成为南水北调东线工程的源头泵站。淮安二站安装了国内最大叶轮直径的轴流泵，叶轮直径 4.5m，单泵流量 $60m^3/s$，单机配套功率 5000kW。皂河泵站安装了国内叶轮直径最大的混流泵，叶轮直径 6.0m，单泵流量 $97.5m^3/s$，单机配套功率 7000kW。东雷抽黄工程设计流量 $60m^3/s$，8 级提水，累计净扬程 311m，单机配套功率 8000kW，总配套功率 12 万 kW。景泰二期工程 18 级提水，累计净扬程 602m，设计灌溉面积 50 万亩。这些泵站从工程设计、施工、安装到设备的设计制造、通信调度等方面采用了很多先进技术。

我国机电排灌事业虽然取得了举世瞩目的成就，但也存在着一些问题。突出表现在机电排灌设备老化、效益出现衰减、泵站效率低、能源消耗大、水费标准低、管理粗放等。

三、本课程的内容和要求

本课程是高职高专水利类有关专业的专业课之一，它的研究对象是水泵技术应用和泵站运行管理等内容。水泵技术是泵站运行管理的基础和核心，泵站运行管理是水泵技术的具体运用。

本课程内容较多，主要涉及到水力机械、农田水利、电气设备、土木工程等方面的基础知识。讲授时应注意突出本课程的特点和基本内容，主要传授水泵技术应用、泵站运行管理和水泵机组的安装技术，配合实践性教学环节，使学生获得一定的生产实际知识和技能，具有水泵运行和泵站运行管理的初步能力。

　　本课程的具体要求是：掌握水泵的工作原理和构造，熟悉水泵的性能；掌握水泵工况点确定和调节的方法；掌握水泵的汽蚀性能，能够正确确定水泵的安装高程；掌握合理选配水泵机组和辅助设备的方法；掌握中小型泵站的安装和运行管理等方面的基本知识和技能；熟悉泵站的技术经济指标；初步掌握泵站的测量技术；具有对中、小型泵站进行技术改造的初步能力。

第一章 水泵的基础知识

第一节 水泵的定义和分类

一、水泵的定义

水泵是能量转换的机械，它把动力机的机械能转换（或传递）给被抽送的水体，将水体提升或输送到所需之处。

水泵的用途很广，在工业、农业、建筑、电力、石油、化工、冶金、造船、轻纺、矿山开采和国防等国民经济各部门中占有重要地位。

二、水泵的分类

水泵的品种繁多，结构各异，分类的方法也各不相同，按工作原理可分为如下三大类。

1. 叶片式泵

叶片式水泵是靠泵内高速旋转的叶轮将动力机的机械能转换给被抽送的水体。属于这一类的泵有离心泵、轴流泵、混流泵等。

离心泵按基本结构、型式特征分为单级单吸离心泵、单级双吸离心泵、多级离心泵以及自吸离心泵等。

轴流泵按主轴方向可分为立式泵、卧式泵和斜式泵，按叶片调节的可能性可分为固定泵、半调节泵和全调节轴流泵。

混流泵按结构型式分为蜗壳式混流泵和导叶式混流泵。

叶片泵按使用范围和结构特点的不同，还有长轴井泵、潜水电泵、水轮泵等。长轴井泵具有长的传动轴，泵体潜入井中抽水，根据扬程的不同，又分为浅井泵、深井泵和超深井泵。潜水电泵的泵体与电动机连成一体共同潜入水中抽水，根据使用场合不同，又分为作业面潜水电泵、深井潜水电泵。水轮泵用水轮机作为动力带动水泵工作，按使用水头和结构特点分为低、中、高水头轴流式水轮泵和低、中、高水头混流式水轮泵。

2. 容积式泵

容积式泵依靠工作室容积的周期性变化输送液体。容积式泵又分为往复泵和回转泵两种。往复泵是利用柱塞在泵缸内做往复运动改变工作室的容积输送液体。例如拉杆式活塞泵是靠拉杆带动活塞做往复运动进行提水。回转泵是利用转子做回转运动输送液体。单螺杆泵是利用单螺杆旋转时，与泵体啮合空间（工作室）的周期性变化来输送液体。

3. 其他类型泵

其他类型泵是指除叶片式和容积式泵以外的泵型。主要有射流泵、水锤泵、气升泵（又称空气扬水机）、螺旋泵、内燃泵等。除螺旋泵利用螺旋推进原理来提升液体的位能外，其他各种泵都是利用工作流体传递能量来输送液体。

上述三类泵中叶片泵覆盖了从低扬程到高扬程、从小流量到大流量的广阔区间。叶片泵具有使用范围广、运行可靠、效率高、成本低等优点，广泛应用于工农业生产和人民生活的各个方面，特别是水利和城乡及工矿企业给水、排水中。因此，本教材将重点讲解叶片式水泵。

第二节　水泵的工作原理与构造

一、离心泵

（一）离心泵的工作原理

单级单吸离心泵基本构造和工作原理如图 1—1 所示，它由叶轮、泵轴、泵体等零件组成。叶轮的中心对着进水口，进水、出水管路分别与水泵进水、出水口连接。离心泵在启动前应充满水。当动力机通过泵轴带动叶轮高速旋转时，叶轮中的水由于受到惯性离心力的作用，由叶轮中心甩向叶轮外缘，并汇集到泵体内，获得势能和动能的水在泵体内被导向出水口，沿出水管路输送至出水池。与此同时，叶轮进口处产生真空，而作用于进水池水面的压强为大气压强，进水池中的水便在此压强差的作用下，通过进水管吸入叶轮。叶轮不停地旋转，水就源源不断地被甩出和吸入，这就是离心泵的工作原理。

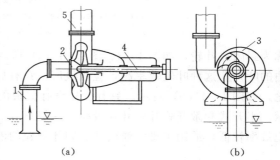

图 1—1　离心泵基本构造和工作原理示意图
1—进水管；2—叶轮；3—泵体；4—泵轴；5—出水管

（二）离心泵的构造

离心泵按同一泵轴上叶轮个数的多少可分为单级泵和多级泵；按吸入方式可分为单吸泵和双吸泵，叶轮仅一侧有吸水口的称为单吸泵，叶轮两侧都有吸水口的称为双吸泵；按泵轴安装方向可分为卧式泵、立式泵和斜式泵；按启动前是否需要充水可分为普通离心泵和自吸离心泵。

1. 单级单吸离心泵

单级单吸离心泵又称为单级单吸悬臂式离心泵。它由叶轮、泵轴、泵体、减漏环、轴承及轴封装置等主要零部件组成，如图 1—2 所示。

（1）叶轮。叶轮又称工作轮，是水泵的重要部件。水泵依靠叶轮的旋转把动力机的能量传递给被抽送的水体。叶轮的几何形状、尺寸、所用材料和加工工艺等对泵的性能有着决定性的影响。

叶轮按其盖板的情况分为封闭式、半开式和敞开式三种形式。具有两个盖板的叶轮，

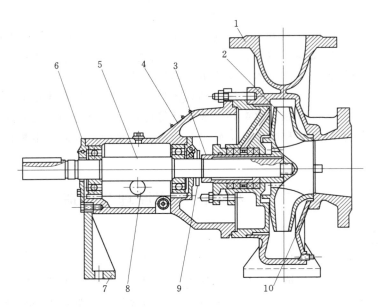

图 1-2　单级单吸离心泵结构图

1—泵体；2—叶轮；3—轴套；4—轴承体；5—泵轴；6—轴承端盖；

7—支架；8—油标；9—挡水圈；10—密封环

称为封闭式叶轮，如图 1-3、图 1-4（a）所示。封闭式叶轮盖板之间有 6～12 片向后弯曲的叶片，这种叶轮效率高，应用最广。只有后盖板，没有前盖板的叶轮，称为半开式叶轮，如图 1-4（b）所示。只有叶片没有盖板的叶轮称为敞开式叶轮，如图 1-4（c）所示。半开式和敞开式叶轮叶片较少，一般只有 2～5 片，这两种叶轮相对于封闭式叶轮来说效率较低，适用于排污浊或含有固体颗粒的液体。

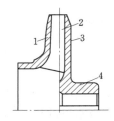

(a)　　　　　　(b)　　　　　　(c)

图 1-3　封闭式叶轮

1—前盖板；2—叶片；3—后盖板；4—轮毂

图 1-4　离心泵叶轮

(a) 封闭式；(b) 半开式；(c) 敞开式

叶轮的形状和尺寸根据水力设计并通过模型试验确定，同时应能满足强度要求。水泵叶轮的材料多为铸铁，也可采用铸铜，大型水泵叶轮一般用铸钢。加工好的叶轮要作静平衡试验，消除不平衡重量，避免运行时水泵发生振动。

水泵运行时，叶轮前、后盖板外侧与泵体之间充满了从叶轮中排出的具有一定压力的液体，由于叶轮前后盖板面积不同，因此产生了指向叶轮进口的轴向力，此力使叶轮和泵轴产生向进口方向的窜动，使叶轮与泵体发生摩擦，造成零件损坏。因此，必须平衡或消除轴向力。对于单级单吸离心泵，常在叶轮后盖板靠近轮毂处开设平衡孔，并在后盖板上加装减漏环，水泵工作时，使叶轮两侧的压力基本平衡，少部分未被平衡的轴向力由轴承承担。开设平衡孔水泵的效率会有所降低，这种方法只适用于小型单级单吸离心泵。此外，还可在叶轮后盖板处加平衡筋板，平衡轴向力。

（2）泵轴。泵轴的作用是支承并将动力传递给叶轮，为保证水泵工作可靠，泵轴应有足够的强度和刚性。泵轴的一端用平键和反向螺母固定叶轮；泵轴的另一端安装联轴器或皮带轮，如图 1-2 所示。为防止水进入轴承，轴上应有挡水圈或防水盘等挡水设施。为防止泵轴磨损，在对应于填料密封的轴段装轴套，轴套磨损后可以更换。

（3）泵体。泵体（又称泵壳）是包容和输送液体外壳的总称，由泵盖和蜗形体组成，如图 1-2 所示。泵盖为水泵的吸入室，是一段渐缩的锥形管，其作用是将吸水管路中的水以最小的损失并均匀地引向叶轮。叶轮外侧具有蜗形的壳体称蜗形体，如图 1-5 所示。蜗形体由蜗室和扩散管组成，其作用是汇集从叶轮中流出的液体，并输送到排出口；将液体的部分动能转化为压能；消除液体的旋转运动。泵体材料一般为铸铁。泵体及进、出口法兰上设有泄水孔、排气孔、灌水孔（用以停机后放水、启动时抽真空或灌水）和测压孔（安装真空表、压力表）。

（4）减漏环。旋转的叶轮与泵盖之间存在一定的间隙。如间隙过大，从叶轮流出的高压水就会通过此间隙漏回到进水侧，使泵的出水量减少，降低泵的效率。如间隙过小，叶轮转动时就会和泵盖发生摩擦，引起机械磨损。所以，为了尽可能减少漏损和磨损，同时使磨损后便于修复或更换，一般在泵盖上或泵盖和叶轮上分别镶嵌一铸铁圆环，由于其既可减少漏损，又能承受磨损，便于更换且位于水泵进口，故称减漏环，又称密封环、承磨环或口环。

（5）轴承。轴承用以支承泵转子部分的重量以及承受径向和轴向荷载。轴承分为滚动轴承和滑动轴承两大类。单级单吸离心泵通常采用单列向心球轴承，如图 1-6 所示。

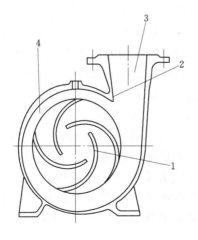

图 1-5　蜗形体

1—叶片；2—隔舌；3—扩散管；4—蜗室

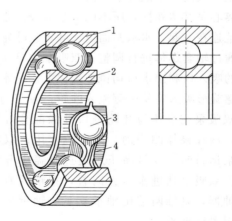

图 1-6　单列向心球轴承

1—外圈；2—内圈；3—滚动体；4—保持架

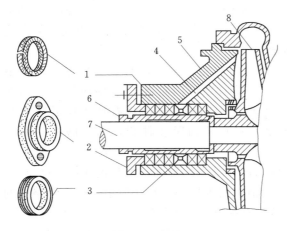

图 1-7　离心泵的填料密封
1—填料；2—填料压盖；3—水封管；4—水封管；
5—泵盖；6—轴套；7—泵轴；8—叶轮

（6）轴封装置。泵轴穿出泵壳处，必定存在着间隙，为了防止高压水通过此间隙流出和空气进入泵内，必须设置轴封装置。填料密封是最常用的轴封型式，由填料、水封环、水封管和填料压盖等零件组成，如图 1-7 所示。填料密封依靠填料与轴套的紧密接触实现密封。填料压盖套在轴上，起压紧填料的作用。填料的压紧程度，用压盖上的螺母来调节。如果压得过紧，填料与轴套摩擦损失增加，缩短填料和轴套的使用寿命，严重时会发热、冒烟，甚至将填料与轴套烧焦；如果压得过松，泄漏量增加，泵的效率降低，故填料应压得松紧合适，一般以液体漏出时成滴状为宜。填料中部的水封环，是中间下凹外侧凸起的圆环，环上开有若干个小孔，水封环对准水封管。水泵运行时，泵内压力较高的水，通过水封管进入水封环，引入填料进行水封，同时起冷却、润滑的作用。

单级单吸离心泵的特点是扬程较高，流量较小，结构简单，便于维修，体积小，重量轻，移动方便。单级单吸离心泵目前主要有 IS、IB 系列。IS、IB 系列泵是按照 ISO 2858 国际标准设计，性能指标和标准化、系列化、通用化水平都比老产品有较大提高，其适用范围：转速为 2900 r/min 或 1450r/min，泵进口直径为 50～200mm，流量为 6.3～400m³/h，扬程为 5～125m，用于丘陵山区和一些小型抽水灌区。

2. 单级双吸离心泵

单级双吸离心泵的外形如图 1-8 所示，其结构图如图 1-9 所示。它的主要零件与单级单吸离心泵基本相同，所不同的是双吸离心泵的叶轮对称，好像由两个相同的单吸叶轮背靠背地连在一起，水从两面进入叶轮。叶轮用键、轴套和两侧的轴套螺母固定，其轴向位置可通过轴套螺母进行调整；双吸泵的泵盖与泵体共同构成半螺旋形吸入室和蜗形压出室。泵的吸入口和出水口均铸在泵体上，呈水平方向，与泵轴垂直。水从吸入口流入后，沿着半螺旋形吸入室从两侧流入叶轮；泵盖与泵体的接缝为水平中开，故又称水平中开式泵。双吸泵在泵体与叶轮进口外缘配合处装有两只减漏环。在减漏环上制有突起的半圆环，嵌在泵体凹槽内，起定位作用；双吸泵在泵轴穿出泵体的两端有两套轴封装置，水泵运行时，少量高压水通过泵盖中开面上的凹槽及水封环流入填料室中，起水封作用。双吸泵从进水口方向看，在轴的右端安装联轴器，根据需要也可在轴的左端安装联轴器，泵轴两端用轴承支承。轴承型式一般用单列向心球轴承，大中型双吸离心泵采用滑动轴承。

单级双吸离心泵的特点是流量较大，扬程较高；泵体水平中开，检修时不需拆卸电动机及进出水管路，只要揭开泵盖即可进行检查和维修；由于叶轮对称，轴向力基本平衡，

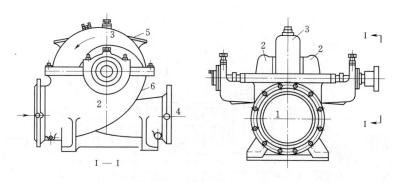

图 1-8 单级双吸离心泵外形图

1—吸入口；2—半螺旋形吸入室；3—蜗形压出室；4—出水口；5—泵盖；6—泵体

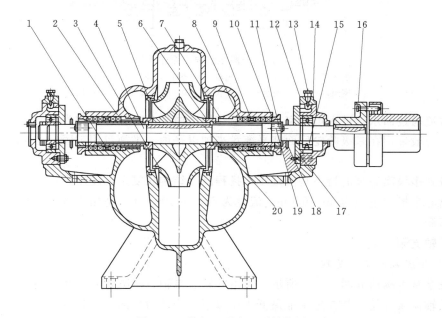

图 1-9 单级双吸离心泵结构图

1—泵体；2—泵盖；3—叶轮；4—泵轴；5—双吸减漏环；6—轴套；7—填料套；
8—填料；9—填料环；10—压盖；11—轴套螺母；12—轴承体；13—固定螺钉；
14—轴承体压盖；15—单列向心球轴承；16—联轴器；17—轴承端盖；
18—挡水圈；19—螺柱；20—键

故运行较平稳。

单级双吸离心泵的适用范围为：泵进口直径为 150～1400mm，转速为 370～2950r/min，流量为 72～18000m³/h，扬程为 11～104m。广泛用于较大面积的农田排水和灌溉。

3. 分段式多级离心泵

分段式多级离心泵将多个单吸叶轮串联起来工作，每一个叶轮称为一级。泵体分进水段、中段和出水段，各段用穿杠螺栓紧固在一起，如图 1-10 所示。水泵运行时，水流从第一级叶轮排出后，经导叶进入第二级叶轮，再从第二级叶轮排出后经导叶进入第三级叶轮，依次类推。叶轮级数越多，水流得到的能量越大，扬程就越高。泵轴的两端设有轴封

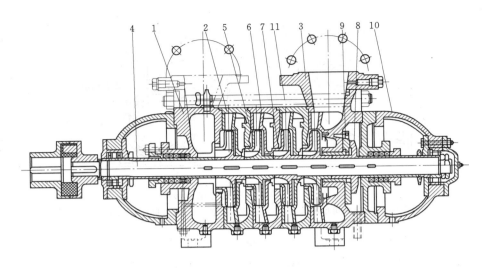

图 1-10　分段多级离心泵结构图

1—吸入段；2—中段；3—压出段；4—轴；5—叶轮；6—导叶；
7—密封环；8—平衡盘；9—平衡圈；10—轴承部件；11—穿杠

装置，水流通过回水管进入填料室，起水封作用。由于泵内各叶轮均为单侧进水，故轴向力很大，一般采用在末级叶轮后面装平衡盘来加以平衡。平衡盘用键固定在轴上，随轴一起旋转。

　　分段式多级离心泵的特点是流量小，扬程高，结构较复杂，使用维护不太方便。分段式多级离心泵扬程范围为 50～650m，流量为 6.3～450m³/h。适用于城乡人畜供水和小面积农田灌溉。

　　二、轴流泵

　　（一）轴流泵的工作原理

　　轴流泵基本构造如图 1-11 所示，它由叶轮、泵轴、喇叭管、导叶体和出水弯管等组成。立式轴流泵叶轮安装在进水池最低水位以下，当动力机通过泵轴带动叶片旋转时，淹没于水下的叶片对水产生推力（又称升力）使水得以提升，水流经导叶后沿轴向流出，然后通过出水弯管、出水管输送至出水池。

　　（二）轴流泵的构造

　　轴流泵的结构型式有立式、卧式和斜式三种，其中立式泵因其占地面积小，叶轮淹没在水中，启动方便，动力机安装在水泵上部，不易受潮等优点得到广泛采用。轴流泵的外形呈圆筒状，如图 1-12 所示。

　　1. 喇叭管

　　为了改善叶轮进口处的水力条件，一般采用符合流线型的喇叭管，大、中型轴流泵由进水流道代替喇叭管。

　　2. 叶轮

　　叶轮由叶片、轮毂体、导水锥等几部分组成，用铸铁或铸钢制成。叶片一般为 2～6 片，其形状为扭曲形。叶片的形状及尺寸，直接影响到泵的性能。

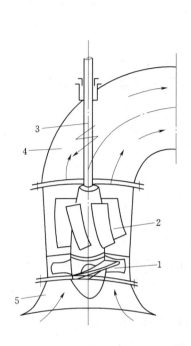

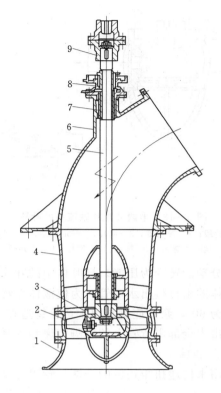

图 1-11　轴流泵基本构造简图
1—叶轮；2—导叶；3—泵轴；
4—出水弯管；5—喇叭管

图 1-12　立式轴流泵结构图
1—进水喇叭管；2—叶轮外圈；3—叶轮；4—导叶体；
5—泵轴；6—出水弯管；7—橡胶导轴承；
8—轴封装置；9—刚性联轴器

　　轮毂用来安装叶片及叶片调节机构，根据叶片的安装角度是否可调，轴流泵分为固定式、半调节式和全调节式三种。固定式轴流泵的叶片和轮毂体铸成一体，轮毂体为圆柱形或圆锥形。半调节式轴流泵的叶片安装在轮毂体上，用定位销和叶片螺母压紧。在叶片根部刻有指示线，在轮毂体有相对应的安装角度位置线，如图 1-13 所示，安装角度有 $-4°$、$-2°$、$0°$、$+2°$、$+4°$ 等。半调节式轴流泵需要进行调节时，通常先停机，然后卸下叶轮，将叶片螺母松开，转动叶片，改变叶片定位销的位置，使叶片的基准线对准轮毂上的某一要求角度线，再把螺丝拧紧，装好叶轮，从而达到调节的目的。全调节式轴流泵的叶片，通过调节机构改变叶片的安装角度，它可以在停机或不停机的情况下进行调节。导水锥起导流作用，它借助于六角螺帽、螺栓、横闩安装在轮毂体上。

　　3. 泵体
　　泵体为轴流泵的固定部件，包括进水喇叭管、叶轮外圈、导叶体和出水弯管。
　　调节叶片角度时，为保持叶片外缘与叶轮外圈有一固定间隙，叶轮外圈为圆球形。为便于安装、拆卸，叶轮外圈分半铸造，中间用法兰和螺栓连接。导叶体为轴流泵的压出室，由导叶、导叶毂、扩散管组合而成，用铸铁制造，如图 1-14 所示。
　　导叶体的作用是把从叶轮流出的液体汇集起来输送到出水弯管，消除液体的旋转运

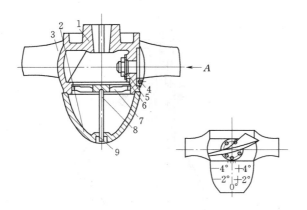
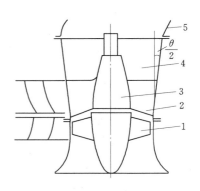

图 1-13　半调节叶片轴流泵的叶轮

1—轮毂；2—导水锥；3—叶片；4—定位销；5—垫圈；
6—紧叶片螺帽；7—横闩；8—螺柱；9—六角螺帽

图 1-14　导叶轴面投影图

1—叶轮；2—导叶；3—导叶毂；
4—扩散管；5—出水弯管

动，把部分动能转变为压能。导叶体中的叶片一般为 5~10 片。

导叶体的出口接出水弯管，为使液体在弯管中的损失最小，弯管通常为等断面，弯管转角通常为 60°，泵的底脚与出水弯管铸造在一起。水泵固定部件的全部重力、停泵时倒流水的冲击力全部由弯管上的底脚传递到水泵梁上，如图 1-12 所示。

4. 泵轴和轴承

泵轴用来传递扭矩，轴的下端与轮毂连接，上端用联抽器与传动轴连接。在全调节轴流泵中，为了布置叶片调节机构，泵轴为空心。

轴流泵的轴承按其功能有导轴承和推力轴承两种。导轴承用来承受泵轴的径向力，起径向定位作用。中、小型轴流泵大多数采用水润滑橡胶导轴承，在橡胶轴承内表面开有轴向槽道，使水能进入橡胶轴承与泵轴之间进行润滑和冷却，如图 1-15 所示。立式轴流泵有上、下两只橡胶导轴承，下导轴承装在导叶毂内，上导轴承装在泵轴穿出出水弯管处。泵运行时导轴承利用泵内的水进行润滑。上导轴承一般高于进水池的水面，所以水泵启动前需引清水对橡胶导轴承进行润滑，待启动出水后，即可停止供水。为增强泵轴的耐磨性、抗腐蚀性而且便于磨损后更换，在泵轴轴颈处镀铬或喷镀一层不锈钢或镶不锈钢套。

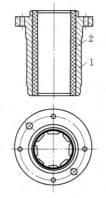

图 1-15　橡胶导轴承

1—轴承外壳；2—橡胶

在立式轴流泵中，推力轴承主要用来承受水流作用在叶片上的轴向水压力和机组转动部件的重力，并将这些力传到基础上。

5. 轴封装置

轴流泵的填料密封装置位于出水弯管的轴孔处，其构造与离心泵的填料密封相似。

轴流泵的特点是低扬程，大流量。立式轴流泵结构简单，外形尺寸小，占地面积小。立式轴流泵叶轮淹没于进水池最低水位以下，启动方便。轴流泵可根据需要改变叶片的安装角度。中、小型轴流泵的适用范围为：泵出口直径为 150~1300mm，流量为 50~

$5990m^3/s$，扬程为 $1\sim23.2m$。适用于圩区和平原地区的排水和灌溉。

为适应大面积农田排灌和跨流域调水的需要，我国兴建了一系列大型排灌泵站，安装叶轮直径为 $1.6\sim4.5m$ 的特大型轴流泵，流量范围为 $4.5\sim60m^3/s$，扬程范围为 $2.0\sim11.86m$。

三、混流泵

混流泵中的液体受惯性离心力和轴向推力共同作用。

混流泵有蜗壳式和导叶式两种。蜗壳式混流泵有卧式和立式两种。中、小型泵多为卧式，立式用于大型泵。卧式蜗壳式混流泵的结构与单级单吸离心泵相似，如图 1-16 所示，只是叶轮形状不同。混流泵叶片出口边倾斜，叶片数较少，流道宽阔，如图 1-17 所示。

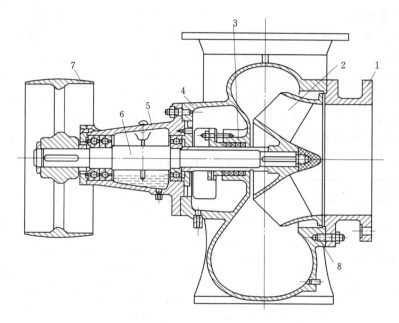

图 1-16 蜗壳式混流泵结构图

1—泵盖；2—叶轮；3—填料；4—蜗形体；5—轴承体；6—泵轴；
7—皮带轮；8—双头螺丝

混流泵的流量一般较离心泵大，其蜗形体也较大，为了支承稳固，泵的基础地脚座均设在泵体下面，轴承体靠泵体支承。

导叶式混流泵有立式和卧式两种，其结构与轴流泵相似。立式导叶式混流泵的结构图如图 1-18 所示。按叶片角度调节方式可分为固定式、半调节式与全调节式。

混流泵的特点是流量比离心泵大，比轴流泵小；扬程比离心泵低，比轴流泵高；泵的效率高，且高

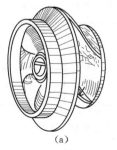 

图 1-17 混流泵叶轮

(a) 低比速叶轮；(b) 高比速叶轮

效区较宽广；流量变化时，轴功率变化较小，动力机可经常处于满载运行；抗汽蚀性能较好，运行平稳，工作范围广；中、小型卧式混流泵，结构简单，重量轻，使用维修方便。它兼有离心泵和轴流泵的优点，是一种较为理想的泵型。广泛用于平原地区、圩区的排水和丘陵山区的灌溉。

我国目前生产的中、小型蜗壳式混流泵的适用范围：泵进口直径为 $50 \sim 800mm$，扬程为 $3.5 \sim 22.0m$，流量为 $130 \sim 9000m^3/h$。中、小型导叶式混流泵的适用范围：泵出口直径为 $300 \sim 2200mm$，扬程为 $3 \sim 25.4m$，流量为 $0.392 \sim 12.0m^3/s$。

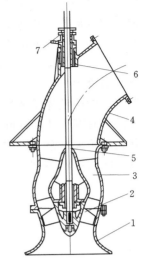

图 1-18 立式导叶式混流
泵结构图

1—喇叭口；2—叶轮；3—导叶体；4—出水弯管；5—泵轴；6—橡胶轴泵；7—轴封装置

四、叶片泵型号

叶片泵的品种与规格繁多，为便于用户订购和选用方便，对不同品种、规格的水泵，按其基本结构、型式特征、主要尺寸和工作参数的不同，分别编制了不同的型号。国产水泵通常用汉语拼音字母表示泵的名称、型式及特征，用数字表示泵的主要尺寸和工作参数；也有单纯用数字组成的。我国常用泵的型号意义详见表1-1。

表 1-1　　　　　　　　叶片泵的型号及其说明

泵类	产品名称	型号举例		型 号 说 明	说 明
离心泵	IB、IS 型单级单吸离心泵	原型号	3BA—6A	3—泵吸入口径为 3in；BA—单级单吸悬臂式离心泵；6—比转速为 60；A—叶轮外径已车削	"IB"、"IS"表示符合国际标准的单级单吸式离心泵
			3B31	3—泵吸入口径为 3in；B—单级单吸悬臂式离心泵；31—额定扬程为 31m	
		改进型号	IB100—65—250	100—泵的进口直径为 100mm；65—泵的出口直径为 65mm；250—叶轮名义直径为 250mm	
	单级双吸离心泵	原型号	20Sh—13	20—泵吸入口径为 20in；Sh—单级双吸卧式离心泵；13—比转速为 130	
			16SA—9	16—泵吸入口径为 16in；SA—单级双吸卧式离心泵；9—比转速为 90	
		改进型号	250S—39	250—泵进口直径为 250mm；S—单级双吸卧式离心泵；39—额定扬程为 39m	
	分段多级离心泵	原型号	D46—50×12	D—分段式多级离心泵；46—流量为 46m³/h；50—单级叶轮额定扬程 50m；12—泵的级数为 12 级	
			4DA—8×5	4—泵吸入口径为 4in；DA—分段式多级离心泵；8—比转速为 80；5—泵的级数为 5 级	
		改进型号	150D—30×10	150—泵进口直径为 150mm；D—分段式多级离心泵；30—单级叶轮额定扬程 30m；10—泵的级数为 10 级	
	自吸离心泵		65ZX30—15	ZX—自吸式离心泵；65—口径为 65mm；30—流量为 30m³/h；15—扬程为 15m	

泵类	产品名称	型号举例		型　号　说　明	说　明
混流泵	蜗壳式混流泵	原型号	16HB—50	16—泵吸入口径、出水口径为16in；HB—蜗壳式混流泵；50—比转速为500	
		改进型号	300HW—7	300—泵进口直径为300mm；HW—蜗壳式混流泵；7—额定扬程7m	
	导叶式混流泵	250HD—12		250—泵出水口直径为250mm，HD—导叶式混流泵；12—额定扬程为12m	
轴流泵	中小型轴流泵	原型号	14ZLD—70	14—泵出水口直径为14in；ZLD—立式固定叶片轴流泵；ZLB—立式半调节叶片轴流泵；ZXB—斜式半调节叶片轴流泵；70—比转速为700	
			14ZLB—70		
			14ZXB—70		
		改进型号	350ZLB—4	350—泵的出口直径为350mm；ZLB—立式半调节叶片轴流泵；ZWB—卧式半调节叶片轴流泵；4—设计扬程为4m	
			350ZWB—4		
			700ZLQ—6	700—泵的出口直径为700mm；ZLQ—立式全调节叶片轴流泵；6—设计扬程为6m	
	特大型轴流泵	1.6CJ—8		1.6—叶轮直径为1.6m；CJ—长江牌；8—额定扬程为8m	
		ZL30—7		ZL—立式轴流泵；30—额定流量为30m³/s；7—额定扬程为7m	
	贯流泵	23ZGQ—42		23—叶轮直径为2.3m；ZGQ—贯流全调节叶片轴流泵；42—设计扬程为4.2m	

第三节　水泵装置及抽水过程

水泵、动力机、传动设备的组合称为水泵机组。水泵机组、管路及管路附件的组合称为水泵装置或抽水装置。在实际工程中，只有构成抽水装置，水泵才能进行工作。

一、离心泵抽水装置

卧式离心泵抽水装置如图1-19所示。双吸离心泵安装在进水池水面以上，水泵由电动机驱动。水泵进口连接进水管路，出口连接出水管路。在进、出水管路上装有各种管件、阀件，统称为管路附件。管件是将管路连接起来的连接件，在图1-19中装有90°弯头、偏心渐缩管、同心渐扩管、两个22.5°弯头。阀件包括底阀、闸阀、逆止阀、拍门等。水泵启动前泵壳和进水管路内必须充满水。底阀是人工充水时防止水漏失的单向阀门。在小型水泵装置中，为防止水中杂物吸入泵内，在进水管路进口装有滤网。在出水管路上装有闸阀，用以启动、停机或检修时截断水流，并可减轻动力机启动时的负载，抽真空时隔绝外界空气，对小型水泵装置也可起调节水泵流量。

水泵运行时，电动机通过联轴器带动水泵叶轮旋转，使水产生惯性离心力，进水池的水经进水管路吸入泵内，从叶轮甩出的水经出水管路流入出水池。停机时靠安装在出水管路出口处的拍门自动关闭，防止水倒流。

二、轴流泵抽水装置

立式轴流泵抽水装置示意图如图1-20所示。立式轴流泵叶轮淹没于进水池最低水位

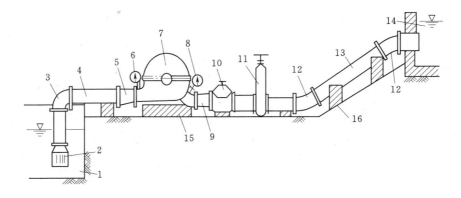

图 1-19　卧式离心泵抽水装置示意图

1—进水池；2—滤网与底阀；3—90°弯头；4—进水管；5—偏心渐缩管；
6—真空表；7—水泵；8—压力表；9—同心渐扩管；10—逆止阀；11—闸阀；
12—弯头；13—出水管；14—出水池；15—水泵基础；16—支墩

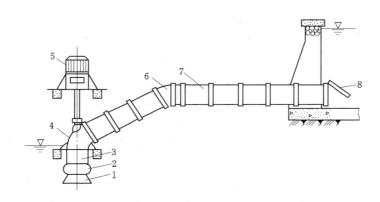

图 1-20　立式轴流泵抽水装置示意图

1—喇叭管；2—叶轮；3—导叶体；4—出水弯管；
5—电动机；6—45°弯头；7—出水管；8—拍门

以下，因此无需充水设备。电动机安装在水泵的上层，用联轴器与水泵直接连接。水泵出水弯管与出水管路相连。泵运行时，电动机通过联轴器带动叶轮旋转，进水池的水从喇叭管进入叶轮后，经导叶体、出水弯管和出水管路流入出水池。轴流泵不允许闭阀启动，因此轴流泵抽水装置中不设闸阀，停泵时采用拍门断流。

思 考 题 与 习 题

1. 什么是水泵？

2. 常见的水泵类型有哪些？各有什么特点？

3. 离心泵是如何工作的？

4. 离心泵由哪些主要零件组成？各主要零件的作用是什么？

5. 轴流泵是如何工作的？

6. 轴流泵由哪些主要零件组成？各主要零件的作用是什么？

7. 蜗壳式混流泵由哪些主要零件组成？各主要零件的作用是什么？

8. 离心泵、轴流泵和混流泵的叶轮有何异同？

9. 解释下列水泵型号的含义。

IS—1000—750—1200；4BA—12A；14Sh—9；200S—63A；350ZL—5；40ZLB—70；400HW—5；150D—30×12；150JD36×11

10. 离心泵抽水装置中管路附件有哪些？

第二章 水 泵 的 性 能

第一节 水 泵 的 性 能 参 数

水泵性能参数是用来表征水泵性能的一组数据，包括流量、扬程、功率、效率、允许吸上真空高度或必需空化余量、转速等6个基本参数。

一、流量

流量是指水泵单位时间内输送液体的体积或重量。用 Q 表示，常用的单位是 m^3/h、m^3/s、L/s 或 t/h。水泵铭牌上的流量是水泵的设计流量，又称额定流量。泵在该流量下运行效率最高。

二、扬程

扬程是指单位重力液体从水泵进口到出口所增加的能量，也即单位重力的水经过水泵后获得的能量。用 H 表示，单位是 mH_2O，一般简称为 m。

离心泵扬程示意图如图 2-1 所示，若以水泵轴线为基准面，列出水泵进、出口断面 1—1、2—2 的能量方程式为

断面 1—1 单位重力液体的总能量

$$E_1 = z_1 + \frac{p_1}{\rho g} + \frac{v_1^2}{2g} \qquad (2-1)$$

断面 2—2 单位重力液体的总能量为

$$E_2 = z_2 + \frac{p_2}{\rho g} + \frac{v_2^2}{2g} \qquad (2-2)$$

根据扬程定义得

$$H = E_2 - E_1 = z_2 - z_1 + \frac{p_2 - p_1}{\rho g} + \frac{v_2^2 - v_1^2}{2g} \qquad (2-3)$$

式中　z_1、$\dfrac{p_1}{\rho g}$、$\dfrac{v_1^2}{2g}$——相应于水泵进口断面 1—1 处的位置水头、绝对压强水头、流速水头，m；

z_2、$\dfrac{p_2}{\rho g}$、$\dfrac{v_2^2}{2g}$——相应于水泵出口断面 2—2 处的位置水头、绝对压强水头、流速水头，m。

为了监视水泵的运行状况，在泵进、出口断面处分别安装真空表、压力表，如图 2-1 所示。真空表、压力表的读数为相对压强，设真空表的读数为 V（低于一个大气压的数

值，即 $V = \dfrac{p_a}{\rho g} - \dfrac{p_1}{\rho g}$），压力表的读数为 M（高于

一个大气压的数值，即 $M = \dfrac{p_2}{\rho g} - \dfrac{p_a}{\rho g}$），则式（2
-3）可写成

$$H = (z_2 - z_1) + V + M + \frac{v_2^2 - v_1^2}{2g} \quad (2-4)$$

真空表、压力表读数的单位为 kPa，将其换算为米水柱，则

$$H = (z_2 - z_1) + 0.1V' + 0.1M' + \frac{v_2^2 - v_1^2}{2g}$$
$$(2-5)$$

由式（2-5）计算的扬程为水泵工作状况时的扬程。水泵铭牌上的扬程是这台泵的设计扬程，即相应于通过设计流量时的扬程，又称额定扬程。

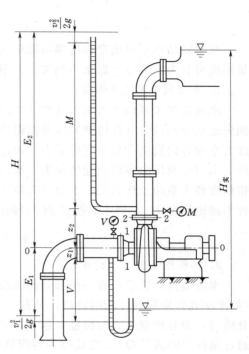

图 2-1　离心泵扬程示意图

三、功率

功率是指单位时间内水泵所做的功，单位为 kW。

1. 有效功率

有效功率又称为水泵的输出功率，是指单位时间内流过水泵的液体从水泵那里获得的能量。用 P_u 表示，其计算式为

$$P_u = \frac{\rho g Q H}{1000} \quad (2-6)$$

式中　ρ——水的密度，kg/m³，$\rho = 1000$kg/m³；

　　　g——重力加速度，m/s²；

　　　Q——水泵的流量，m³/s；

　　　H——水泵的扬程，m。

2. 轴功率

轴功率又称为水泵的输入功率，是指动力机传递给水泵轴的功率。用 P 表示。水泵铭牌上的轴功率是指对应于通过设计流量时的轴功率，又称额定轴功率。

3. 配套功率

配套功率是指为水泵配套的动力机功率，用 $P_配$ 表示。一般在水泵铭牌或样本上都标有配套功率的数值。

四、效率

效率是指水泵的有效功率与轴功率之比的百分数，它标志着水泵能量转换的有效程度，是水泵的重要技术经济指标，用 η 表示。水泵铭牌上的效率是对应于通过设计流量时的效率，该效率为水泵的最高效率。水泵的效率越高，表示水泵工作时的能量损失越小。其表达式为

$$\eta = \frac{P_u}{P} \times 100\% \qquad (2-7)$$

水泵轴功率不可能全部传递给被输出的液体，其中必有一部分能量损失。水泵内的能量损失可分为三部分，即水力损失、容积损失和机械损失。

1. 水力损失和水力效率

水流流经水泵的吸入室、叶轮、压出室时产生摩擦损失、局部损失和冲击损失。摩擦损失是水流与过流部件边壁间的摩擦阻力引起的损失。局部损失是水流在泵内由于水流速度大小与方向发生变化引起的损失。冲击损失是泵在非设计工况下运行时水流在叶片入口处、出口处及压出室内引起的损失。水力损失的大小取决于过流部件的形状、尺寸、壁面粗糙度和水泵的工作状况。水力损失越大，水泵的扬程越小。未考虑水泵内水力损失的扬程为理论扬程 H_T，则水泵扬程 H 与理论扬程 H_T 之比，称为水力效率 η_h，即

$$\eta_h = \frac{H}{H_T} \times 100\% \qquad (2-8)$$

2. 容积损失和容积效率

水流流过叶轮后，有一小部分高压水经过泵体内间隙（如减漏环）和轴向力平衡装置（如平衡孔）泄漏到叶轮的进口，另有一小部分从轴封装置处泄漏到泵体外，消耗了一部分能量，即容积损失。漏损量 q 越大，水泵的出水量 Q 越小。通过水泵出口的流量 Q 与通过泵进口的流量 $Q+q$ 之比称为容积效率 η_V，即

$$\eta_V = \frac{Q}{Q+q} \times 100\% \qquad (2-9)$$

3. 机械损失和机械效率

叶轮在液体中旋转时，前、后盖板外表面与液体产生摩擦损失（即轮盘损失），泵轴转动时轴和轴封、轴承产生摩擦损失，克服摩擦损失消耗了部分能量，即机械损失，机械损失功率用 P_m 表示。从泵的输入功率中扣除机械损失后，叶轮传递给液体的功率称水功率，用 P_w 表示

$$P_w = P - P_m = \frac{\rho g (Q+q) H_T}{1000} \qquad (2-10)$$

水功率与轴功率之比称为机械效率 η_m 即

$$\eta_m = \frac{P_w}{P} \times 100\% \qquad (2-11)$$

综上所述，水泵的效率 η 的计算式可变换成如下形式

$$\eta = \frac{P_u}{P} \times 100\% = \frac{P_u}{P_w} \eta_m = \frac{\rho g Q H}{\rho g (Q+q) H_T} \eta_m = \eta_V \eta_h \eta_m \qquad (2-12)$$

由式（2-12）可见，水泵的效率是容积效率、水力效率与机械效率的乘积。提高水泵的效率，必须减少水泵内的各种损失。提高水泵的效率，除了从水力模型、选用材质、加工工艺、部件等方面加以改善和提高外，使用单位还要注意正确选择泵型、保证安装质量、合理调节运行工况和加强维护管理，才能使水泵经常在高效率状态下运行，达到节约能源、降低成本和提高经济效益的目的。

五、水泵的吸水性能

允许吸上真空高度或必需空化余量是表征水泵吸水性能的参数。在泵站设计时，需要

根据吸水性能参数确定水泵的安装高程。允许吸上真空高度用 H_s 表示，必需空化余量用 $(NPSH)_r$ 表示，单位为 m。水泵的吸水性能将在第二章第四节中详细介绍。

六、转速

转速是指泵轴每分钟旋转的次数，用 n 表示，单位是 r/min。铭牌上的转速是水泵的设计转速，又称额定转速。转速是影响水泵性能的重要参数，当转速变化时，水泵的其他五个性能参数都发生相应的变化。

【例 2-1】 某离心泵抽水装置，测得水泵流量 $Q=18L/s$，水泵出口压力表读数为 $M'=324kPa$，进口真空表读数为 $V'=39kPa$，真空表与压力表测压点距离 $\Delta z=0.8m$，水泵进、出口直径分别为 100mm 和 75mm，水泵轴功率 $P=10kW$，求水泵的效率 η。

解：（1）水泵流量 $\qquad Q=18L/s=0.018m^3/s$

（2）水泵的扬程 H

由水泵进口直径 $D_1=100mm=0.1m$ 和水泵口直径 $D_2=75mm=0.075m$，可计算出

泵进口流速 $\qquad v_1=\dfrac{4Q}{\pi D_1^2}=\dfrac{4\times0.018}{3.14\times0.1^2}=2.29m/s$

泵出口流速 $\qquad v_2=\dfrac{4Q}{\pi D_2^2}=\dfrac{4\times0.018}{3.14\times0.075^2}=4.08m/s$

将 $z_2-z_1=\Delta z=0.8m$，$V'=39kPa$，$M'=324kPa$ 和 $v_1=2.29m/s$，$v_2=4.08m/s$ 代入式（2-5），可计算出水泵扬程 H

$$H=(z_2-z_1)+0.1V'+0.1M'+\frac{v_2^2-v_1^2}{2g}$$

$$=0.8+0.1\times39+0.1\times324+\frac{4.08^2-2.29^2}{2\times9.8}$$

$$=37.68m$$

（3）水泵的有效功率 P_u

将水的密度 $\rho=1000kg/m^3$，流量 $Q=0.018m^3/s$，扬程 $H=37.68m$ 代入式（2-6），即

$$P_u=\frac{\rho gQH}{1000}=\frac{1000\times9.8\times0.018\times37.68}{1000}=6.65kW$$

（4）水泵的效率 η

将有效功率 $P_u=6.65kW$ 和轴功率 $P=10kW$ 代入式（2-8）即

$$\eta=\frac{P_u}{P}\times100\%=\frac{6.65}{10}\times100\%=66.5\%$$

第二节 水泵的性能曲线

水泵的性能参数，标志着水泵的性能。但各性能参数不是孤立的、静止的，而是相互联系和相互制约的。对于特定的水泵，这种联系和制约具有一定的规律性。它们之间的变化规律，通常用曲线表示，称之为基本性能曲线。基本性能曲线是通过试验方法绘出的，

也称为实验性能曲线。通常将水泵的转速 n 作为常量，扬程 H、轴功率 P、效率 η 和允许吸上真空高度 H_s 或必需空化余量 $(NPSH)_r$ 随流量 Q 而变化的关系绘制成 $Q—H$、$Q—P$、$Q—\eta$、$Q—H_s$ 或 $Q—(NPSH)_r$ 曲线。

充分了解水泵的性能，熟悉性能曲线的特点，掌握其变化规律，对合理选型配套、正确确定水泵的安装高度、调节水泵运行工况、加强泵站的科学管理等极为重要。

一、$Q—H$ 曲线

如图 2-2～图 2-4 所示，它们分别为 12Sh—6 型离心泵、1000ZLQ—10 型轴流泵及 8HB—35 型混流泵的实验性能曲线。

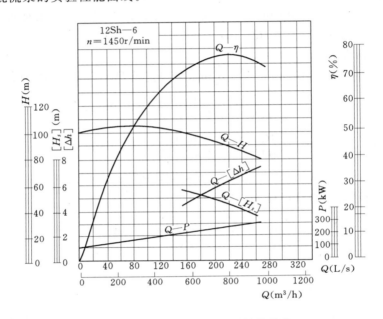

图 2-2   12Sh—6 型离心泵性能曲线

从图中可以看出三种水泵的 $Q—H$ 曲线都是下降的曲线，即扬程随着流量的增加而逐渐减小。相应于水泵最高效率点的各参数，即为水泵铭牌上列出的数据。在该点左右一定范围内，属于效率较高的区段，在水泵样本或说明书中，用两条竖的波形线标出，称为水泵的高效率段，又称水泵的高效区。

离心泵的 $Q—H$ 曲线下降较平缓，当 Q 为零时，扬程最高。轴流泵的 $Q—H$ 曲线下降较陡，而且许多轴流泵在其设计流量的 $40\%～60\%$ 时出现拐点，这是一段不稳定的工作区域，运行时应避开这一区域。当流量为零时，扬程为最大值，约为额定扬程的两倍。混流泵的 $Q—H$ 曲线介于离心泵与轴流泵之间。

二、$Q—P$ 曲线

离心泵的 $Q—P$ 曲线是一条上升的曲线，即轴功率随流量的增加而增加。当流量为零时，轴功率最小，约为设计轴功率的 30%。轴流泵的 $Q—P$ 曲线是一条下降的曲线，即轴功率随流量的增大而减小。当流量为零时，轴功率最大。在小流量区，$Q—P$ 曲线也出现拐点。混流泵的 $Q—P$ 曲线比较平坦，当流量变化时，轴功率变化较小。

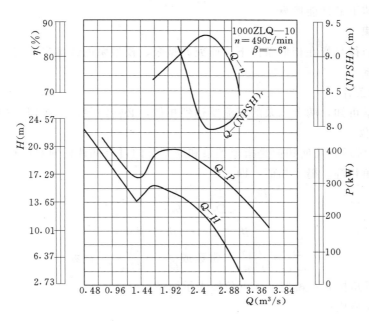

图 2-3 1000ZLQ—10 型轴流泵性能曲线

从轴功率随流量变化的特点可知，离心泵应闭阀启动，以减小动力机启动负载。轴流泵则应开阀启动，一般在轴流泵出水管路上不允许安装闸阀。

三、$Q—\eta$ 曲线

三种水泵 $Q—\eta$ 曲线的变化趋势都是从最高效率点向两侧下降。离心泵的效率曲线变化比较平缓，高效区范围较宽，使用范围较大。轴流泵的效率曲线变化较陡，高效区范围较窄，使用范围较小。混流泵的效率曲线介于离心泵和轴流泵之间。

四、$Q—H_s$ 或 $Q—(NPSH)_r$ 曲线

$Q—H_s$ 或 $Q—(NPSH)_r$ 是表征水泵吸水性能的两条曲线，但两者的变化规律不同，前者是一条下降的曲线；后者对于轴流泵在对应于最高效率点处是具有最小值的曲线。

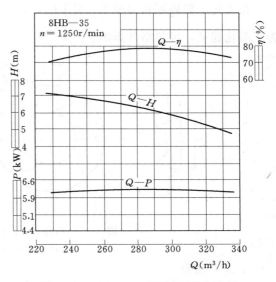

图 2-4 8HB—35 型混流泵性能曲线

第三节 相 似 律 与 比 转 数

由于泵内液体运动非常复杂，单凭理论计算不能准确地计算出水泵的性能。一般采用流体力学中的相似理论，运用实验等手段，换算水泵叶轮不同尺寸的性能，对于同一台水

泵进行不同转速下的性能换算。

一、相似律

水泵的相似律是指在相似条件下，研究原型泵、模型泵的性能参数与叶轮外径及转速之间的比例关系。

（一）相似条件

由流体力学可知，两台水泵的液流要达到相似，必需满足以下相似条件。

1. 几何相似

如图 2-5 所示，几何相似是指模型泵和原型泵的过流部件任何对应尺寸的比值相等，对应点的安放角相等，糙率相似，即

$$\frac{D_1}{D_{1M}} = \frac{D_2}{D_{2M}} = \frac{b_2}{b_{2M}} = \cdots = \lambda \qquad (2-13)$$

$$\beta_1 = \beta_{1M}, \quad \beta_2 = \beta_{2M} \qquad (2-14)$$

$$\frac{\Delta}{\Delta_M} = \frac{D_1}{D_{1M}} = 常数 或 \frac{\Delta}{D_1} = \frac{\Delta_M}{D_{1M}} = 常数 \qquad (2-15)$$

式中　M——下角标表示模型，无下角标表示原型；

　　　λ——模型比；

　　　Δ——绝对糙率。

在工艺上要做到相对糙率 $\left(\frac{\Delta}{D}\right)$ 相等有一定困难，但在几何相似中糙率占次要地位，为了简化起见，可忽略其影响。

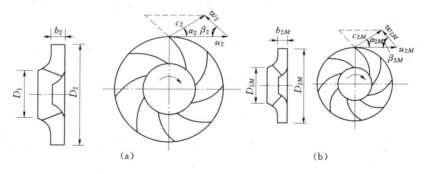

图 2-5　两台水泵的几何相似与运动相似

(a) 原型泵；(b) 模型泵

2. 运动相似

运动相似是指原、模型泵叶轮对应点上液体的同名速度方向一致，大小互成比例。即对应点上的速度三角形相似。

如图 2-5 所示，可以得出

$$\frac{c}{c_M} = \frac{w}{w_M} = \frac{u}{u_M} = \frac{nD}{n_M D_M} = \lambda \frac{n}{n_M} \qquad (2-16)$$

3. 动力相似

动力相似就是原、模型泵过流部分相对应点液体所受的力为同名力，且方向相同，大小互成比例。用向量 P 表示液流运动中的作用力，则有

$$\frac{\overline{P}}{P_M} = 常数 \tag{2-17}$$

（二）相似律

满足上述相似条件的两台水泵，其主要性能参数之间的关系称为水泵的相似律，它是相似原理的具体体现。

1. 第一相似律

对于满足相似条件的两台水泵

$$\frac{Q}{Q_M} = \left(\frac{D_2}{D_{2M}}\right)^3 \frac{n}{n_M} \frac{\eta_V}{\eta_{VM}} \tag{2-18}$$

2. 第二相似律

对于满足相似条件的两台水泵

$$\frac{H}{H_M} = \left(\frac{D_2 n}{D_{2M} n_M}\right)^2 \frac{\eta_h}{\eta_{hM}} \tag{2-19}$$

3. 第三相似律

对于满足相似条件的两台水泵

$$\frac{P}{P_M} = \left(\frac{D_2}{D_{2M}}\right)^5 \left(\frac{n}{n_M}\right)^3 \frac{\eta_{mM}}{\eta_m} \frac{\rho g}{\rho_M g_M} \tag{2-20}$$

如果原型泵与模型泵的尺寸相差不大，且转速相差也不大时，则各种效率可近似看成相等。若 $\rho g = \rho_M g_M$，则相似律可简化为

$$\frac{Q}{Q_M} = \left(\frac{D_2}{D_{2M}}\right)^3 \frac{n}{n_M} \tag{2-21}$$

$$\frac{H}{H_M} = \left(\frac{D_2}{D_{2M}}\right)^2 \left(\frac{n}{n_M}\right)^2 \tag{2-22}$$

$$\frac{P}{P_M} = \left(\frac{D_2}{D_{2M}}\right)^5 \left(\frac{n}{n_M}\right)^3 \tag{2-23}$$

二、比例律

把相似律应用于不同转速的同一台水泵，可得到水泵的流量、扬程、轴功率与转速的关系为

$$\frac{Q_1}{Q_2} = \frac{n_1}{n_2} \tag{2-24}$$

$$\frac{H_1}{H_2} = \left(\frac{n_1}{n_2}\right)^2 \tag{2-25}$$

$$\frac{P_1}{P_2} = \left(\frac{n_1}{n_2}\right)^3 \tag{2-26}$$

式（2-24）～式（2-26）是相似律的特例，称为比例律。比例律在泵站设计和运行管理中非常重要。它反映出转速改变时，水泵性能变化的规律，用来进行变速调节。

三、水泵的比转速

相似律只说明相似水泵在相似工况点各性能参数之间的关系。由于水泵叶轮构造和水力性能的不同，尺寸的大小也各不相同，为了对水泵进行分类，将同类型的水泵组成一个系列，这就需要有一个能够反映水泵共性的综合参数，作为水泵规格化的基础。这个综合

参数就是水泵的比转数，用 n_s 表示。

1. 比转数的定义

在最高效率下，把水泵的尺寸按一定的比例缩小（或扩大），使得有效功率 $P_u =$ 0.7355kW，扬程 $H_M = 1m$，流量 $Q_M = 0.075m^3/s$，这时，该模型泵的转速，就称为与它相似实际水泵的比转数。

2. 比转数的计算公式

按相似律可写出

$$n_s = \frac{3.65n\sqrt{Q}}{H^{3/4}} \tag{2-27}$$

3. 应用比转数公式应注意的问题

（1）Q 和 H 是指水泵最高效率时的流量和扬程，n 为设计转速。对同一台水泵来说比转数为一定值。

（2）式（2-27）中的 Q、H 是指单吸单级泵的设计流量和设计扬程。对于双吸泵以 $Q/2$ 代入计算；对于多级泵，应以一级叶轮的扬程代入计算。

（3）比转数是根据抽升 20℃ 左右的清水得出的。

（4）各参数的单位应与模型泵的单位一致。

4. 对比转数的讨论

（1）对于任意一台水泵而言，比转数不是无因次数。由于它并不是实际转速，它只是用来比较各种水泵性能的一个共同标准。因此，其本身的单位含义无多大用处，一般均略去不写。

（2）比转数虽然是按相似关系得出，但其中包含了实际水泵的主要参数 Q、H、n、η_{max} 值。因此，它反映了实际水泵的主要性能。从式（2-27）可以看出：当转速一定时，n_s 越大，表明水泵的流量越大、扬程越低。反之，比转数越小，表明水泵的流量小、扬程越高。

（3）水泵叶轮的形状、尺寸、性能和效率都随比转数而变化。用比转数可对水泵进行分类，见表 2-1。

表 2-1　　　　　　　　　　　比转速与叶轮形状的关系

水泵类型	离 心 泵			混流泵	轴流泵
	低比转速	中比转速	高比转速		
比转速	50~80	80~150	150~300	300~500	500~1000
叶轮简图					
尺寸比 D_2/D_0	2.5	2.0	1.8~1.4	1.2~1.1	1.0
叶片形状	圆柱形叶片	进口处扭曲形 出口处圆柱形	扭曲形叶片	扭曲形叶片	扭曲形叶片

（4）水泵的性能随比转数而变。因此，比转数不同，水泵性能曲线的形状也不同，即用比转数可以分析水泵的性能。

第四节 水泵的汽蚀及安装高程的确定

前面有关水泵性能的阐述，都是以水泵的吸水条件满足要求为前提的。吸水性能是确定水泵安装高程和进水池设计的依据。水泵在设计规定的工作条件下不发生汽蚀，是确定安装高程必须满足的必要条件。水泵安装过低泵房的土建投资增加，施工困难；过高则水泵发生汽蚀，水泵工作时流量、扬程、效率大幅度下降，甚至不能工作。所以水泵安装高程的确定，是泵站设计中的重要课题。在泵站运行中，水泵装置的故障也有很多出自于水泵的吸水性能不能满足要求。因此，对水泵的吸水性能，必须予以高度重视。

一、水泵的汽蚀

汽蚀又称空化，是液体的特殊物理现象。水泵在运行过程中，由于某些原因使泵内局部位置的压力降到水在相应温度下的饱和蒸汽压力（汽化压力）时，水就开始汽化生成大量的汽泡，汽泡随水流向前运动，运动到压力较高部位时，迅速凝结、溃灭。泵内水流中汽泡的生成、溃灭过程涉及到物理、化学现象，并产生噪声、振动和对过流部件的侵蚀。这种现象称为水泵的汽蚀现象。

在产生汽蚀的过程中，由于水流中含有汽泡破坏了水流的正常流动规律，改变了流道内的过流面积和流动方向，因而叶轮与水流之间能量交换的稳定性遭到破坏，能量损失增加，从而引起水泵的流量、扬程和效率的迅速下降，甚至达到断流状态。这种工作性能的变化，对于不同比转数的水泵是不同的。低比转数的离心泵叶槽狭长，宽度较小，很容易被汽泡阻塞，在出现汽蚀后，$Q—H$、$Q—\eta$ 曲线迅速降落。对中、高比转速的离心泵和混流泵，由于叶轮槽道较宽，不易被汽泡阻塞，所以 $Q—H$、$Q—\eta$ 曲线先是逐渐下降，汽蚀严重时才开始锐落。对高比转数的轴流泵，由于叶片之间流道相当宽阔，故汽蚀区不易扩展到整个叶槽，因此 $Q—H$、$Q—\eta$ 曲线下降缓慢。

汽泡溃灭时，水流因惯性高速冲向汽泡中心，产生强烈的水锤，其压强可达（33～5700）MPa，冲击的频率达 2 万～3 万次/s，这样大的压强频繁作用于过流部件上，引起金属表面局部塑性变形与硬化变脆，产生疲劳现象，金属表面开始呈蜂窝状，随之应力更加集中，叶片出现裂缝和剥落。这就是汽蚀的机械剥蚀作用。

在低压区生成汽泡的过程中，溶解于水中的气体也从水中析出，所以汽泡实际是水汽和空气的混合体。活泼气体（如氧气）借助汽泡凝结时所产生的高温，对金属表面产生化学腐蚀作用。

在高温高压下，水流会产生带电现象。过流部件的不同部位，因汽蚀产生温度差异，形成温差热电偶，导致金属表面的电解作用（即电化学腐蚀）。

另外，当水中泥沙含量较高时，由于泥沙的磨蚀，破坏了水泵过流部件的表层，发生汽蚀时，加快了过流部件的蚀坏程度。

在汽泡凝结溃灭时，产生压力瞬时升高和水流质点间的撞击以及对过流部件的打击，使水泵产生噪声和振动现象。

二、水泵的吸水性能

1. 允许吸上真空高度 H_s

为保证水泵内部压力最低点不发生汽蚀，在水泵进口处所允许的最大真空值，以米水柱表示。H_s 常用来反映离心泵和卧式混流泵汽蚀性能的参数。泵产品样本中，用 $Q-H_s$ 曲线来表示水泵的吸水性能。

2. 空化余量（NPSH）

（1）空化余量是指在水泵进口处，单位重力的水所具有的大于饱和蒸汽压力的富余能量，以米水柱表示。

（2）临界空化余量（NPSH）$_a$ 是指泵内最低压力点的压力为饱和蒸汽压力时，水泵进口处的空化余量。临界空化余量为泵内发生汽蚀的临界条件。

（3）必需空化余量（NPSH）$_r$，泵产品样本中所提供的空化余量是必需空化余量。为了保证水泵正常工作时不发生汽蚀，将临界空化余量适当加大，即为必需空化余量。其计算式为

$$(NPSH)_r = (NPSH)_a + 0.3\text{m} \tag{2-28}$$

对于大型泵，一方面（NPSH）$_a$ 较大，另一方面从模型试验换算到原型泵时，由于比例效应的影响，0.3m 的安全值尚嫌小，（NPSH）$_r$ 的计算式为

$$(NPSH)_r = (1.1 \sim 1.3)(NPSH)_a \tag{2-29}$$

3. 允许吸上真空高度和必需空化余量的关系

$$H_s = \frac{p_a}{\rho g} - \frac{p_v}{\rho g} - (NPSH)_r + \frac{v_1^2}{2g} \tag{2-30}$$

$$(NPSH)_r = \frac{p_a}{\rho g} - \frac{p_v}{\rho g} - H_s + \frac{v_1^2}{2g} \tag{2-31}$$

式中　$\dfrac{p_a}{\rho g}$——安装水泵处的大气压力水头，m（与海拔高程有关，见表 2-2）；

$\dfrac{p_v}{\rho g}$——饱和蒸汽压力水头，m（与水温有关，见表 2-3）；

$\dfrac{v_1^2}{2g}$——水泵进口处的流速水头，m。

表 2-2   不同海拔高程大气压力值

海拔高程 (m)	0	100	200	300	400	500	600	700	800	900	1000	2000	3000	4000	5000
$\dfrac{p_a}{\rho g}$ (m)	10.33	10.22	10.11	9.97	9.89	9.77	9.66	9.55	9.44	9.33	9.22	8.11	7.47	6.52	5.57

表 2-3   水温与饱和蒸汽压力的关系

水温 (℃)	0	5	10	20	30	40	50	60	70	80	90	100
$\dfrac{p_v}{\rho g}$ (m)	0.06	0.09	0.12	0.24	0.43	0.75	1.25	2.02	3.17	4.82	7.14	10.33

三、水泵安装高程的确定

水泵的安装高程是指满足水泵不发生汽蚀的水泵基准面高程，根据与水泵工况点对应

的吸水性能参数，以及进水池的最低水位确定。不同结构型式水泵的基准面如图 2—6 所示。

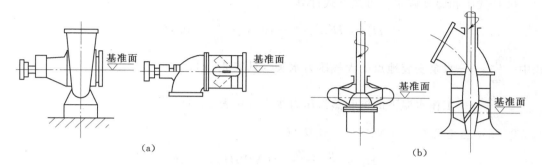

图 2—6 水泵的基准面
(a) 卧式泵；(b) 立式泵

1. 用允许吸上真空高度计算 H_{ss}

水泵安装情况如图 2—7 所示。以进水池水面为基准面，列出进水池水面 0—0 和水泵进口断面 1—1 的能量方程，并略去进水池水面的行进流速水头，可得

$$\frac{p_a}{\rho g} = \frac{p_1}{\rho g} + H_{ss} + \frac{v_1^2}{2g} + \sum h_s \qquad (2-32)$$

式中 $\dfrac{p_1}{\rho g}$——断面 1—1 的绝对压力水头，m；

$\qquad H_{ss}$——水泵的吸水高度，即安装高度，m；

$\qquad \sum h_s$——自吸水管路进口至断面 1—1 间的水头损失之和，m。

将式（2—32）整理得

$$H_v = \frac{p_a - p_1}{\rho g} = H_s + \frac{v_1^2}{2g} + \sum h_s \qquad (2-33)$$

式中 H_s——水泵进口处的真空值，mH_2O。

水泵进口处的真空值如果小于等于水泵的允许吸上真空高度 H_s，水泵就不会发生汽蚀。因此，将式（2—33）中的 H_v 换成 H_s，经整理水泵的最大安装高度为

$$H_{ss} = H_s - \frac{v_1^2}{2g} - \sum h_s \qquad (2-34)$$

必须指出的是水泵厂提供的 H_s 值，是在标准状况下得出的，即大气压力为 $10.33mH_2O$、水温为 20℃时，以清水在额定转速下通过汽蚀试验得出。当水泵的使用条件不同于上述情况时，应进行修正。

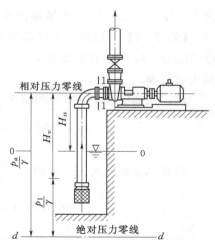

图 2—7 离心泵安装高程的确定

（1）转速修正。可按下式近似计算

$$H_s' = 10 - (10 - H_s)\left(\frac{n'}{n}\right)^2 \qquad (2-35)$$

式中 H_s、H'_s——修正前、后工况点的允许吸上真空高度，m；

        n、n'——修正前、后的转速，r/min。

(2) 气压和温度修正。可按下式计算

$$H''_s = H'_s + \frac{p_a}{\rho g} - 10.33 - \frac{p_v}{\rho g} + 0.24 \qquad (2-36)$$

式中 $\dfrac{p_a}{\rho g}$——水泵安装地点的大气压力水头（见表 2-2）；

        $\dfrac{p_v}{\rho g}$——工作水温下的饱和蒸汽压力水头（见表 2-3）。

2. 用必需空化余量 $(NPSH)_r$ 计算 H_{ss}

$$H_{ss} = \frac{p_a}{\rho g} - \frac{p_v}{\rho g} - (NPSH)_r - \sum h_s \qquad (2-37)$$

在标准状况下，$\dfrac{p_a}{\rho g} - \dfrac{p_v}{\rho g} = 10.09$m，则

$$H_{ss} = 10.09 - (NPSH)_r - \sum h_s \qquad (2-38)$$

必须指出的是水泵厂提供的 $(NPSH)_r$ 是指额定转速时的值，若水泵工作转速 n' 与额定转速 n 不同，则应按下式进行修正

$$(NPSH)_{r1} = (NPSH)_r \left(\frac{n'}{n}\right)^2 \qquad (2-39)$$

式中 $(NPSH)_r$、$(NPSH)_{r1}$——修正前、后工况点的必需空化余量。

3. 水泵安装高程的确定

水泵的安装高程为

$$\nabla_a = \nabla_{min} + H_{ss} \qquad (2-40)$$

式中 ∇_a、∇_{min}——水泵基准面高程和进水池最低水位，m。

【例 2-2】   12Sh—9 型泵的允许吸上真空高度 $H_s = 4.5$m，水泵运行时的流量为 $Q = 0.2$m³/s，吸水井最低水位为 13.85m，吸水管阻力系数为 $S_{吸} = 50$s²/m⁵，试确定水泵的安装高程。

解：先确定水泵进口处的流速

$$v_1 = \frac{4Q}{\pi D^2} = \frac{4 \times 0.2}{3.14 \times (12 \times 25/1000)^2} = 2.83\text{m/s}$$

将有关参数代入 $H_{ss} = H_s - \dfrac{v_1^2}{2g} - \sum h_s$ 得

$$H_{ss} = 4.5 - \frac{2.83^2}{2 \times 9.8} - 50 \times 0.2^2 = 2.09\text{m}$$

将 $H_{ss} = 2.09$m 代入 $\nabla_a = \nabla_{min} + H_{ss}$ 得

$$\nabla_a = 13.85 + 2.09 = 15.94\text{m}$$

所以，水泵的安装高程为 15.94m。

必须指出的是 H_s、$(NPSH)_r$ 随流量而变化。H_s、$(MPSH)_r$ 应按水泵运行时可能出现的最大、最小净扬程所对应的值分别计算 H_{ss}，将计算出的 H_{ss} 分别加上相应进水池

的水位，然后进行比较，选取最低的∇_a作为泵的安装高程。如果按式（2-38）计算出的H_{ss}为正值，说明该水泵可以安装在进水池水面以上；但立式轴流泵和导叶式混流泵为便于启动和使吸水口不产生有害漩涡，仍将叶轮中心线淹没于水面以下0.5～1.0m。若H_{ss}为负值，表示该泵必须安装在水面以下，其淹没深度不小于上述计算的数值，且不小于0.5～1.0m。另外，对立式轴流泵和导叶式混流泵，泵产品样本上均给出了相应泵型安装高度的具体要求。因此，在确定安装高程时，可不进行计算，直接按泵产品样本中给出的数值确定。

四、减轻汽蚀的措施

水泵的汽蚀主要由泵本身的汽蚀性能和装置的使用条件决定。但减轻汽蚀的根本措施是在提高水泵本身的抗汽蚀性能，所以在水泵的设计和制造方面应尽可能提高水泵的吸水性能。对水泵使用者而言，则应在水泵装置和运行方面多加考虑。

1. 合理确定水泵安装高程

确定水泵安装高程时，应按安装高程的计算公式正确计算安装高程。

2. 设计良好的进水池

进水池内的水流要平稳均匀，不产生漩涡和偏流，否则水泵的汽蚀性能变坏。此外，要及时清除进水池的污物和淤泥，使水流畅通，流态均匀，还要保证进水喇叭口有足够的淹没深度。

3. 选配合理的进水管路

进水管路应尽可能短，减少不必要的管路附件，适当加大管径，以减少进水管路的水头损失。

为使水泵进口的水流速度和压力分布均匀，对于卧式离心泵，水泵进口前，进水管路水平直段长度不能过短，通常不小于4～5倍进水管路直径。大、中型泵站的进水流道的型式、结构和尺寸要设计合理，保证有良好的水力条件，防止有害的偏流和漩涡发生。

4. 尽量使水泵在设计工况附近运行

在水泵运行中，可根据泵站的具体情况，采用适宜的调节措施调节水泵的运行工况，防止水泵运行工况偏离设计工况较远。对离心泵可适当减少流量使工况点向左移动；对于轴流泵使工况点移到$(NPSH)_r$值较小的区域。

5. 提高水泵进口的压力

给水泵进水管路增压，例如把离心泵出水管的水引入进水管，并用喷嘴增压，减轻汽蚀危害。

6. 控制水源的含沙量

从多沙河流取水的泵站，由于水中含沙量的较大，会加剧过流部件的磨损并使水泵汽蚀性能恶化。因此，对多含沙的水流必须采取一定的防沙措施来净化水源。

7. 提高叶轮和过流部件表面的光洁度

水泵叶轮表面和其他过流部件光洁度越高，抗汽蚀性能越好，产生汽蚀的可能性就越小。

8. 及时进行涂敷与修复

如果水泵过流部件已出现剥蚀，可采用金属或非金属材料在剥蚀部位及时涂敷修复。

涂敷修复后的叶轮，抗剥蚀和抗磨损的能力将大大提高，不仅延长了叶轮的使用寿命，而且提高了水泵的效率。

9. 降低水泵转速

汽蚀性能参数与转速的平方成正比，降低水泵转速，可以减轻汽蚀的危害。

10. 在汽蚀区补气

在泵进水侧补进适量空气，可以缓和空泡破灭时的冲击力，并减小汽蚀区的真空度，从而减轻汽蚀的危害。但进气量要适量，否则会使水泵吸水性能变坏。采用此法一定要慎重。

思 考 题 与 习 题

1. 水泵的性能用哪几个性能参数表示？写出其代表符号与单位。

2. 泵内的能量损失有哪几种？相应的效率是什么？提高水泵的效率应采取哪些措施？

3. 解释水泵有效功率、轴功率的定义，并用公式表达它们之间的关系。

4. 水泵的基本性能曲线包括哪几条？有何用途？试比较离心泵与轴流泵 $Q—H$、$Q—P$ 曲线的异同点。

5. 两台泵工况相似必须满足哪三个相似条件？相似律有何用途？

6. 写出比转数的公式，并说明比转数的应用。

7. 比转数相同的水泵，叶轮是否一定相似？几何相似的水泵，n_s 是否一定相等？同一台水泵，当转速不同于设计转速时，它的 n_s 改变吗？

8. 某水泵装置在运行时测得流量为 102L/s，扬程为 20m，轴功率为 27kW，试计算该水泵的效率为多少？若将运行效率提高到 80% 时，它的轴功率应是多少？

9. 一台离心泵，已知其扬程 $H=25m$，流量 $Q=3m^3/min$，泄漏流量为 $q=3\%Q$，$n=1450r/min$，轴功率 $P=14.76kW$，机械效率 $\eta_m=92\%$，试求：（1）水泵的有效功率 P_u；（2）容积效率 η_v；（3）效率 η；（4）水力效率 η_h。

10. 什么是水泵的汽蚀？水泵发生汽蚀的主要原因是什么？有哪些危害？

11. 允许吸上真空高度受水温与海拔高程影响时如何修正？

12. 卧式泵与立式泵在确定安装高程时有何区别？

13. 某泵站安装 20Sh—28 型泵，进水池最低水位为 8.30m，要求单泵出水量为 0.49m³/s，吸水管阻力系数为 $S_{吸}=1.52s^2/m^5$，水泵允许吸上真空高度为 $H_s=4.0m$，确定泵的安装高程。

第三章 水泵的运行

水泵运行时的工况取决于水泵本身性能、抽水装置的管路系统及进、出水池的水位差，这三个因素中任何一个发生变化，水泵运行的工况均随之发生改变。当水泵运行的工况偏离设计工况较远时，将造成效率降低、运行不经济或者运行不安全。因此，掌握水泵运行工况点的确定方法，从而分析水泵机组选型、装置设计和运行的合理性非常重要。同时要掌握水泵运行工况点的调节方法，这对泵站的设计及运行管理有着重要的意义。

第一节 水泵工况点的确定

通过水泵性能曲线可以看出每台水泵在一定转速下，都有自己的性能曲线，性能曲线反映了水泵本身潜在的工作能力，这种潜在的工作能力，在泵站的实际运行中，就表现为在某一特定条件下的实际工作能力。水泵的工况点不仅取决于水泵本身所具有的性能，还取决于进、出水池水位与进、出水管路的管路系统性能。因此，工况点是由水泵和管路系统性能共同决定的。

一、管路系统特性曲线

水泵的管路系统，包括管路及其附件。由水力学知，管路水头损失包括管路沿程水头损失与局部水头损失。

$$\sum h = \sum h_f + \sum h_j = \sum \lambda \frac{l}{d} \frac{v^2}{2g} + \sum \zeta \frac{v^2}{2g} \tag{3-1}$$

式中　　$\sum h$——管路水头损失，m；

　　　　$\sum h_f$——管路沿程水头损失，m；

　　　　$\sum h_j$——管路局部水头损失，m；

　　　　λ——沿程阻力系数；

　　　　ζ——局部水头损失系数；

　　　　l——管路长度，m；

　　　　d——管路直径，m；

　　　　v——管路中水流的平均流速，m/s。

对于圆管 $v = \dfrac{4Q}{\pi d^2}$，则式（3-1）可写成下列形式

$$\sum h = \left(\sum \frac{\lambda l}{12.1 d^5} + \sum \frac{\zeta}{12.1 d^4} \right) Q^2 = \left(\sum S_{沿} + \sum S_{局} \right) Q^2 = SQ^2 \tag{3-2}$$

式中　　$S_{沿}$——管路沿程阻力系数，s^2/m^5，当管材、管长和管径确定后，$\sum S_{沿}$值为一常数；

$S_{局}$——管路局部阻力系数，s^2/m^5，当管径和局部水头损失类型确定后，$\sum S_{局}$值为一常数；

S——管路沿程和局部阻力系数之和，s^2/m^5。

由式（3-2）可以看出，管路的水头损失与流量的平方成正比，式（3-2）可用一条顶点在原点的二次抛物线表示，该曲线反映了管路水头损失与管路通过流量之间的规律，称为管路水头损失特性曲线。如图3-1所示。

在泵站设计和运行管理中，为了确定水泵装置的工况点，可利用管路水头损失特性曲线，并将它与水泵工作的外界条件联系起来。这样，单位重力液体通过管路系统时所需要的能量 $H_{需}$ 为

$$H_{需} = H_{st} + \frac{v_{出}^2 - v_{进}^2}{2g} + \sum h \qquad (3-3)$$

式中　$H_{需}$——水泵装置的需要扬程，m；

H_{st}——水泵运行时的净扬程，m；

$\dfrac{v_{出}^2 - v_{进}^2}{2g}$——进、出水池的流速水头差，m；

$\sum h$——管路水头损失，m。

若进、出水池的流速水头差较小可忽略不计，则式（3-3）可简化为

$$H_{需} = H_{st} + \sum h = H_{st} + SQ^2 \qquad (3-4)$$

利用式（3-4）可以画出如图3-2所示的二次抛物线，该曲线上任意一点表示水泵输送某一流量并将其提升 H_{st} 高度时，管路中每单位重力的液体所消耗的能量。因此，称该曲线为水泵装置的需要扬程或管路系统特性曲线。

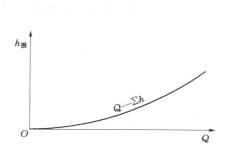

图3-1　管路水头损失特性曲线

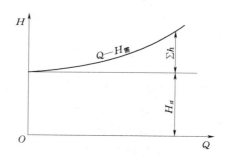

图3-2　管路系统特性曲线

二、水泵工况点的确定

水泵的 Q—H 曲线与管路系统的特性曲线 Q—$H_{需}$ 的交点称为水泵的工作状况点，简称工况点或工作点。

水泵工况点的确定方法有两种，一种是图解法；另一种是数解法。

1. 图解法

将水泵的性能曲线 Q—H 和管路系统特性曲线 Q—$H_{需}$ 绘制在同一个 Q、H 坐标内，两条曲线相交于 A 点，则 A 点即为水泵运行的工况点，如图3-3所示。A 点表明，当流量为 Q_A 时，水泵所提供的能量恰好等于管路系统所需要的能量，故 A 点为供需平衡点。

若工况点不在 A 点而在 B 点,如图 3-3 所示可以看出,此时流量为 Q_B,水泵供给的能量 H_B 大于管路系统所需的能量 $H_{B需}$,供需失去平衡,多余的能量会使管中水流加速,流量加大,直到工况点移至 A 点达到能量供需平衡为止。反之,若工况点在 C 点,则水泵供给的能量 H_C 小于管路系统所需要的能量 $H_{C需}$,则能量供不应求,管中水流减速,流量减小,减至 Q_A 为止。因此,只要水泵性能、管路损失和进、出水池水位等因素不变,水泵将稳定在 A 点工作。工况点确定后,其对应的轴功率、效率等参数可从相应的曲线上查得。水泵运行时,水泵装置的工况点应在水泵高效区内,这样泵站工作最经济。

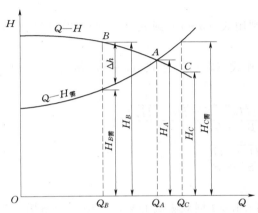

图 3-3 水泵工况点的确定

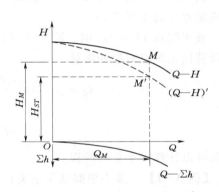

图 3-4 折引特性曲线法求工况点

在净扬程变化较大的情况下,运用上述方法确定工况点需绘制一系列 $Q-H_{需}$ 曲线,比较繁琐。应用折引法求工况点,则方便得多。如图 3-4 所示,先在沿 Q 坐标轴的下面画出该管路水头损失特性曲线 $Q-\sum h$,再在水泵的 $Q-H$ 特性曲线上减去相应流量下的水头损失,得 $(Q-H)'$ 曲线。此 $(Q-H)'$ 曲线称为折引特性曲线。此曲线上各点的纵坐标值,表示水泵在扣除了管路中相应流量时的水头损失以后,尚剩余的能量。这部分能量仅用来改变被抽升水的位能,即它把水提升到 H_{st} 的高度上去。$(Q-H)'$ 曲线与净扬程 H_{st} 水平横线相交于 M' 点,再由 M' 点向上引垂线与 $Q-H$ 曲线相交于 M 点,M 点称为水泵的工况点。其相应的工作扬程为 H_M,工作流量为 Q_M。

2. 数解法

水泵工况点的数解法,是由水泵 $Q-H$ 曲线方程式及管路系统特性曲线方程式联立解出流量 Q 及扬程 H 值。即由下列两个方程式求解 Q、H 值。

$$H = f(Q) \tag{3-5}$$

$$H_{需} = H_{st} + SQ^2 \tag{3-6}$$

由式(3-5)、式(3-6)两个方程式求解两个未知数是完全可以的,关键是如何确定水泵的 $H = f(Q)$ 函数关系。

水泵的 $Q-H$ 曲线可近似用下列抛物线方程式表示

$$H = H_0 + A_1 Q + B_1 Q^2 \tag{3-7}$$

式中 H_0——为正值系数;

A_1、B_1——系数，是正值还是负值，取决于水泵性能曲线的形状。

系数 H_0、A_1 和 B_1 值的确定可用选点法，即利用水泵性能表中的三组流量、扬程参数或在已知水泵的实验性能曲线上选取三个不同点，以其对应的 Q 和 H 值分别代入式（3-7），即可得三元一次方程组，进而计算出 H_0、A_1 和 B_1。

对离心泵来说，在 $Q—H$ 曲线的高效段，可用下面经验方程式表示

$$H = H_x - S_x Q^2 \tag{3-8}$$

式中 H_x——水泵在 $Q=0$ 时所产生的虚总扬程，m；

S_x——泵内虚阻耗系数，s^2/m^5。

式（3-6）是管路系统特性曲线方程，利用式（3-7）或式（3-8）就可以用数解法来确定水泵的工况点。

在工况点 $H = H_需$ 时，联解式（3-6）和式（3-7）或式（3-6）和式（3-8），就可计算出工况点对应的流量

$$Q = \frac{-A_1 \pm \sqrt{A_1^2 - 4(B_1 - S)(H_0 - H_{st})}}{2(B_1 - S)} \tag{3-9}$$

或

$$Q = \sqrt{\frac{H_x - H_{st}}{S_x + S}} \tag{3-10}$$

进而可以计算出水泵的扬程。

【例 3-1】   某小型灌溉泵站装有两台 12Sh—9 型双吸离心泵，其中一台备用。管路的总阻力系数为 $S=161.5 s^2/m^5$，泵站扬程 $H_{st}=49.0$m，试求水泵的工况点。

12Sh—9 型泵的性能参数见表 3-1。

表 3-1   水 泵 的 性 能 参 数 表

型　号	流量 Q （L/s）	扬程 H （m）	转速 n （r/min）	轴功率 N （kW）	效率 η （%）	允许吸上真空高度 H_s（m）
12Sh—9	160	65	1470	127.5	80.0	4.5
	220	58		150.0	83.5	
	270	50		167.5	79.0	

解：管路系统特性曲线方程为

$$H = 49 + 161.5 Q^2$$

离心泵 $Q—H$ 曲线高效段方程为

$$H = H_x - S_x Q^2$$

利用该泵性能表中数值来求解 H_x 和 S_x 值

$$S_x = \frac{65 - 58}{0.22^2 - 0.16^2} = 307.02$$

$$H_x = 65 + 307.02 \times 0.16^2 = 72.86$$

则 $Q—H$ 曲线高效段方程可写成

$$H = 72.86 - 307.02 Q^2$$

管路系统特性曲线与水泵 $Q—H$ 曲线的交点即为水泵的工况点，则有

$$49 + 161.5Q^2 = 72.86 - 307.02Q^2$$

解得

$$Q = 0.2257\text{m}^3/\text{s};\quad H = 57.22\text{m}$$

第二节 水泵的并联和串联运行

一、水泵并联运行

当泵站的机组台数较多、出水管路较长时，为了节省管材，减小占地面积，降低工程造价，常采用两台或两台以上水泵共用一条出水管路，这种运行方式称为水泵的并联运行。

并联运行工况点的确定方法有图解法和数解法两种，这里只简要介绍两台水泵并联运行工况点确定的图解法。

1. 同型号、同水位、对称布置的两台水泵并联运行

当两台水泵的进水管相同，且进水管路的水头损失比出水管路小得多时，则进水管口至并联结点的管路水头损失可忽略不计。可近似地看成两台同型号水泵直接并联在 MC 段管路上，则单位重力的液体在管路中所需要的能量 $H_{需}$ 为

$$H_{需} = H_{st} + S_{MC}Q_M^2 \tag{3-11}$$

因为两台水泵同型号，因此两台水泵的流量相等，通过 MC 管路的流量是两台水泵流量之和。由于忽略并联结点前管路水头损失，则两台水泵的扬程相等。并联运行的 Q—H 曲线为两单泵 Q—H 曲线横向叠加，即把并联的单台水泵的 Q—H 曲线在同一扬程下流量相加，如图 3-5 所示。并有

$$Q_1 = Q_2$$
$$Q_1 + Q_2 = Q_M$$
$$H_1 = H_2 = H_M$$

管路系统特性曲线 R_{MC} 与并联运行的 Q—H 曲线相交于 M 点，M 点为并联运行时的工况点，如图 3-5 所示。从 M 点向左作水平线与每台水泵的 Q—H 曲线相交于 B 点，B 点对应的横坐标就是并联运行时每台水泵的流量 Q_B（等于 $Q_M/2$）。当只有一台水泵在并联装置中运行时，管路系统特性曲线 R_{MC} 与每台水泵的 Q—H 曲线相交于 B_1 点，B_1 点可近似看做一台水泵单独运行时的工况点。

如图 3-5 所示，两台水泵并联运行时，其流量与单泵运行时流量相比不是成倍增加的，当管路系统特性曲线越陡，且并联的水泵台数越多时，这种现象就更加突出。此外，轴功率 $P_B < P_{B1}$，即并联运行时各台水泵的轴功率小于各台水泵单独运行时的轴功率。为避免动力机超载，在选配动力机时要根据一台水泵单独运行时的轴功率配套。

如果考虑进水管路进口至并联点的管路水头损失，可把并联结点至水泵进水管路进口这段管路看成是单泵Ⅰ本身的一部分，而形成虚拟泵Ⅰ'，然后采用扣损法求出虚拟泵Ⅰ'的性能曲线 Q—H'，即从水泵性能曲线的纵坐标上减去并联结点前进水管路相应的水头损失 $\sum h$，如图 3-6 所示。在 Q—H' 曲线上对应于同一扬程的流量相加，即得并联运行

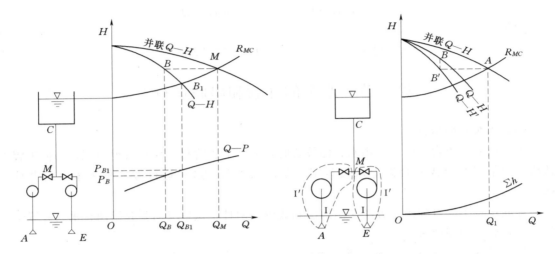

图 3-5　同型号、同水位、对称　　　　图 3-6　计入水头损失的两台水泵并联
　　　　布置的两台水泵并联

的 $Q—H'$ 曲线。它与管路系统特性曲线 R_{MC} 的交点 A 就是并联运行的工况点。过 A 点作水平线与 $Q—H'$ 曲线相交于 B' 点，再过 B' 点作垂线与 $Q—H$ 曲线相交于 B 点，B 点即是两台水泵并联运行时，其中一台水泵的工况点。

　　2. 不同型号的两台水泵并联

　　由于两台水泵型号不同，两台水泵的性能曲线也就不同；由于管道布置不对称，并联节点 F 前管道 DF、EF 的水头损失不相等。两台水泵并联运行时每台水泵工作点的扬程也不相等。因此，并联后 $Q—H$ 曲线的绘制不能直接采用横加法。

　　在并联节点 F 处安装一根测压管，如图 3-7 所示，当水泵 I 流量为 Q_1 时，则测压管水面与吸水井水面之间的高度差为 H_F。

$$H_F = H_{\text{I}} - \sum h_{DF} = H_{\text{I}} - S_{DF}Q_{\text{I}}^2 \qquad (3-12)$$

式中　　H_{I}——水泵 I 在流量为 Q_1 时的总扬程，m；

　　　　S_{DF}——管道 DF 的阻力系数，s^2/m^5。

同理　　　　　　　　　　$$H_F = H_{\text{I}} - \sum h_{EF} = H_{\text{II}} - S_{EF}Q_{\text{II}}^2 \qquad (3-13)$$

式中　　H_{II}——水泵 II 在流量为 Q_{II} 时的总扬程，m；

　　　　S_{EF}——管道 EF 的阻力系数，s^2/m^5。

　　式（3-12）、式（3-13）分别表示水泵 I、水泵 II 的总扬程 H_{I}、H_{II} 扣除了 DF、EF 管道在通过流量 Q_{I}、Q_{II} 时的水头损失后，等于测压管水面与吸水井水面的高差。如果将水泵 I、水泵 II 的 $(Q—H)_{\text{I}}$、$(Q—H)_{\text{II}}$ 曲线上各点纵坐标分别减去 DF、EF 管道的水头损失随流量而变化的关系曲线 $Q—\sum h_{DF}$、$Q—\sum h_{EF}$，如图 3-7 所示，便可得到用虚线表示的 $(Q—H)'_{\text{I}}$、$(Q—H)'_{\text{II}}$ 曲线。显然，这两条曲线排除了水泵 I 和水泵 II 扬程不等的因素。这样就可以采用横加法在图 3-7 中绘出两台不同型号水泵并联运行时的 $(Q—H)'_{\text{I}+\text{II}}$ 曲线。

　　管道 FG 中单位重量的水所需消耗的能量为

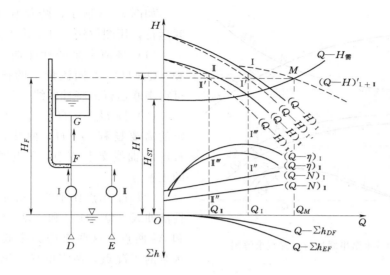

图 3-7 不同型号两台水泵并联

$$H_{需} = H_{st} + S_{FG}Q_{FG}^2 \tag{3-14}$$

式中 S_{FG}——管道 FG 的阻力系数，s^2/m^5；

Q_{FG}——管道 FG 的流量，m^3/s。

由式（3-14）可绘出 FG 管道系统的特性曲线 $Q—H_{需}$。该曲线与 $(Q—H)'_{I+II}$ 曲线相交于 M 点，M 点的流量 Q_M，即为两台水泵并联工作时的总出水量。通过 M 点向纵轴作垂线与 $(Q—H)'_I$ 及 $(Q—H)'_{II}$ 曲线相交于 I' 及 II' 两点，则 Q_I、Q_{II} 即为水泵 I、水泵 II 在并联运行时的单泵流量，$Q_M = Q_I + Q_{II}$；再由 I'、II' 两点各引垂线向上，与 $(Q—H)_I$、$(Q—H)_{II}$ 曲线分别交于 I、II 两点。显然，I、II 两点就是并联运行时，水泵 I、水泵 II 各自的工况点，扬程分别为 H_I 及 H_{II}。由 I'、II' 两点各引垂线向下，与 $(Q—N)_I$ 及 $(Q—N)_{II}$ 曲线分别相交于 I'' 和 II'' 点，此两点的 N_I 及 N_{II} 就是两台水泵并联运行时，各台水泵的轴功率值。同样，其效率点分别为 I'''、II''' 点，其效率值分别为 η_I、η_{II}。

随着并联水泵台数的增加，总流量也增加，但是每台水泵流量却减少，水泵的利用率逐渐降低；随着并联水泵台数的增加，水泵的效率一般也下降，故并联水泵的台数不宜太多，一般不超过 5 台，以避免水泵在高效区外运行。

二、水泵串联运行

几台水泵顺次连接，前一台水泵的出水管路与后一台水泵的进水管路相接，由最后一台水泵将水送入输水管路，称为水泵串联运行。这种运行方式适用于扬程较高而一台水泵的扬程不能满足要求的供水场合，或用于远距离输水、输油管线上的加压。

水泵串联运行的基本条件是通过每台水泵和各管段的流量相等，而装置的总扬程为该流量下各台水泵的工作扬程之和，即

$$Q = Q_I = Q_{II} = \cdots = Q_m \tag{3-15}$$

$$H = H_I + H_{II} + \cdots + H_m \tag{3-16}$$

由此可见，水泵串联后的扬程应为同一流量下各台水泵的扬程之和。

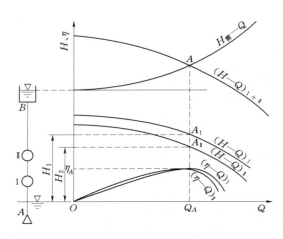

图 3-8　水泵串联运行工况点求解图

如图 3-8 所示，两台不同型号水泵串联运行，用图解法求其工况点的方法如下。

（1）将两水泵的性能曲线 $(Q-H)_I$ 和 $(Q-H)_{II}$ 上同流量下的扬程相加，即可得串联运行的特性曲线 $(Q-H)_{I+II}$。

（2）按 $H_需 = H_{st} + \sum h$ 作整个串联系统的需要扬程 $Q-H_需$ 曲线，它与 $(Q-H)_{I+II}$ 曲线交于 A 点，A 点即为串联运行的工况点。

（3）过 A 点作垂线，分别与两水泵的性能曲线 $(Q-H)_I$ 和 $(Q-H)_{II}$ 交于 A_I 和 A_{II} 两点，这两点即为串联运行时单个水泵的工况点，两点的横、纵坐标分别为 $(H_1，Q_A)$ 和 $(H_2，Q_A)$。

两台同型号水泵串联运行时，因两台水泵的性能曲线相同，故串联运行时的特性曲线 $(Q-H)_{I+II}$ 为单泵的 $Q-H$ 曲线上同流量下的扬程扩大两倍，其他步骤与不同型号水泵串联运行时相同。

采用数解法同样可以求得水泵串联运行时的工况点。

串联运行时应注意，参加串联运行的水泵额定流量应尽量相等或采用同型号水泵，否则，当水泵在后面一级时小水泵会超载，或小水泵在前面一级时它会变成阻力，大水泵发挥不出应有的作用，且串联后的水泵不能保证在高效区范围内运行。如果串联水泵的流量相差较大，应把流量较大的水泵放在前面一级，要求后面一级水泵的泵壳和部件强度要高，以免泵壳或部件受损。

随着水泵设计、制造水平的提高，目前生产的各种型号的多级泵基本上都能满足各类泵站工程的需要，所以现在一般很少采用串联运行方式。

第三节　水泵工况点的调节

如果水泵在运行中工况点不在高效区，或水泵的流量、扬程不能满足需要，可采用改变水泵性能或改变需要扬程曲线或两者都改变的方法来移动工况点，使其符合要求。这种方法称为水泵工况点的调节。常用的调节方法有变速调节、变径调节、变角调节、节流调节等。

一、变速调节

改变水泵的转速，可以使水泵的性能发生变化，从而使水泵的工况点发生变化，这种方法称为变速调解。水泵变速调解最常遇到两种情况。

（1）已知水泵转速为 n_1 时的 $(Q-H)_1$ 曲线，如图 3-9 所示，所需的工况点，不在 $(Q-H)_1$ 曲线上，而在坐标点 A_2（Q_2，H_2）处。这时，如果水泵在 A_2 点工作，其转速 n_2 应为多少？即根据用户需求确定转速。

（2）根据水泵的净扬程和水泵最高效率点确定水泵的运行转速。

1. 变速运行工况的图解法

（1）根据用户需求确定转速。如图 3-9 所示，采用图解法求转速 n_2 值时，必须在转速 n_1 的 $(Q—H)_1$ 曲线上，找出与 A_2（Q_2，H_2）点工况相似的 A_1 点。下面采用"相似工况抛物线"法求 A_1 点。

应用比例律可得

$$\frac{H_1}{H_2} = \left(\frac{Q_1}{Q_2}\right)^2$$

令

$$\frac{H_1}{Q_1^2} = \frac{H_2}{Q_2^2} = k$$

则有

$$H = kQ^2 \qquad\qquad (3-17)$$

式中　k——常数。

式（3-17）表示通过坐标原点的抛物线簇方程，它由比例律推求得到，所以在抛物线上各点具有相似的工况，此抛物线称为相似工况抛物线。如果水泵变速前后的转速相差不大，则相似工况点对应的效率可以认为相等。因此，相似工况抛物线又称为等效率曲线。

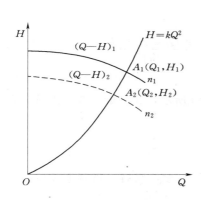

图 3-9　根据用户需要确定水泵转速

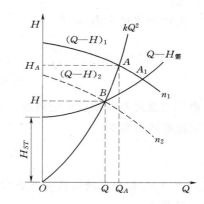

图 3-10　最高效率运行时确定转速

将 A_2 点的坐标值（Q_2，H_2）代入式（3-17），可求出 k 值，相似工况抛物线 $H = kQ^2$ 与转速为 n_1 时的 $(Q—H)_1$ 曲线相交于 A_1 点，A_1 点与 A_2 点的工况相似。把 A_1 点和 A_2 点的坐标值代入比例律公式，可得

$$n_2 = \frac{n_1}{Q_1}Q_2$$

（2）根据水泵最高效率点确定转速。如图 3-10 所示，水泵工作时的净扬程为 H_{st}，水泵运行时的工况点 A_1 不在最高效率点，为了使水泵在最高效率点运行，可通过改变水泵的转速来满足要求。

通过水泵最高效率点 A（Q_A，H_A）的相似工况抛物线方程为

$$H = \frac{H_A}{Q_A^2}Q^2$$

上式所表示的曲线与管路系统特性曲线 $Q—H_需$ 的交点为 B $(Q_B，H_B)$，A 点和 B 点的工作状况相似。则水泵的转速 n_2 为

$$n_2 = \frac{n_1}{Q_A}Q_B$$

2. 变速运行工况的数解法

(1) 根据用户需求确定转速。如图 3 - 9 所示，相似工况抛物线 $H = kQ^2$ 与转速为 n_1 时的 $(Q—H)_1$ 曲线的交点 A_1 $(Q_1，H_1)$ 是与所需的工况点 A_2 $(Q_2，H_2)$ 工作状况相似。求出 A_1 点的 $(Q_1，H_1)$ 值，即可应用比例律求出转速 n_2 值。

由式 (3-8) 及式 (3-17) 得

$$H = H_x - S_x Q^2 = kQ^2$$

即

$$Q = \sqrt{\frac{H_x}{S_x + k}} = Q_1 \tag{3-18}$$

$$H = k\frac{H_x}{S_x + k} = H_1 \tag{3-19}$$

式中　$k = \dfrac{H_2}{Q_2^2}$。

因此，由比例律可求出 n_2 值。

$$n_2 = n_1 \frac{Q_2}{Q_1} = \frac{n_1 Q_2}{\sqrt{\dfrac{H_x}{S_x + k}}} = \frac{n_1 Q_2 \sqrt{S_x + k}}{\sqrt{H_x}} \tag{3-20}$$

(2) 根据水泵最高效率点确定转速。如图 3 - 10 所示，通过最高效率点 A $(Q_A，H_A)$ 的相似工况抛物线方程为

$$H = \frac{H_A}{Q_A^2}Q^2 \tag{3-21}$$

式 (3-21) 与管路系统特性曲线方程 $H = H_{st} + SQ^2$ 联解，得到变速后水泵最高效率点的 Q、H 值为

$$Q = Q_A \sqrt{\frac{H_{ST}}{H_A - SQ_A^2}} \tag{3-22}$$

$$H = H_A \frac{H_{ST}}{H_A - SQ_A^2} \tag{3-23}$$

因此，由比例律可求出转速 n_2 值

$$n_2 = n_1 \sqrt{\frac{H_{ST}}{H_A - SQ_A^2}} \tag{3-24}$$

【例 3 - 2】　某泵站装有两台 12Sh—9 型双吸离心泵，其中一台备用。管路的阻力系数为 $S = 161.5 s^2/m^5$，静扬程 $H_{st} = 49.0m$，试求当供水量减少 10% 时，为节电水泵的转速应降为多少？

12Sh—9 型泵的性能参数见表 3 - 1。

解：当供水量减少10％时，此时水泵的流量、扬程分别为

$$Q_2 = 0.2257(1 - 10\%) = 0.2031 \text{m}^3/\text{s}$$

$$H_2 = 49 + 161.5 \times 0.2031^2 = 55.66 \text{m}$$

由式（3-17）得

$$k = \frac{H_2}{Q_2^2} = \frac{55.66}{(0.2031)^2} = 1349.35$$

代入式（3-20）可求得

$$n_2 = \frac{1470 \times 0.2031 \sqrt{307.02 + 1349.35}}{\sqrt{72.86}} = 1424 \text{r/min}$$

二、变径调节

叶轮经过车削以后，水泵的性能将按照一定的规律发生变化，从而使水泵的工况点发生改变。我们把车削叶轮改变水泵工况点的方法，称为变径调节。

1. 车削定律

在一定车削量范围内，叶轮车削前、后，Q、H、P 与叶轮直径之间的关系为

$$\frac{Q'}{Q} = \frac{D_2'}{D_2} \tag{3-25}$$

$$\frac{H'}{H} = \left(\frac{D_2'}{D_2}\right)^2 \tag{3-26}$$

$$\frac{P'}{P} = \left(\frac{D_2'}{D_2}\right)^3 \tag{3-27}$$

式中 D_2——叶轮未车削时的直径；

Q'、H'、P'——相应于叶轮车削后，叶轮外径 D_2' 时的流量、扬程、轴功率。

式（3-25）～式（3-27）称为水泵的车削定律。车削定律是在车削前、后叶轮出口过水断面面积不变、速度三角形相似等假设下推导得出的。在一定的车削量范围内，车削前、后水泵的效率可视为不变。

消去式（3-25）、式（3-26）中的 D_2'/D_2 就得到

$$\frac{H'}{(Q')^2} = \frac{H}{Q^2} = k' \tag{3-28}$$

则 $$H' = k'(Q')^2 \tag{3-29}$$

式（3-29）称为车削抛物线方程，它的形式与相似工况抛物线方程相似。

2. 车削定律的应用

车削定律应用时，一般可能遇到两类问题。一类是用户需要的流量、扬程不在叶轮外径为 D_2 的 Q—H 曲线上，如采用车削叶轮外径的方法进行工况调节，与变速调节的计算方法类似，可以用车削抛物线和车削定律通过图解或数解法计算出车削后的叶轮直径 D_2'。另一类是用户需要的流量、扬程不在水泵的最高效率点，可根据净扬程和水泵最高效率点，利用车削抛物线和车削定律通过图解或数解法计算出车削后的叶轮直径 D_2'。

3. 车削叶轮应注意的问题

（1）叶轮的车削量有一定限度，否则叶轮的构造被破坏，使叶片出水端变厚，叶轮与泵壳间的间隙增大，水泵的效率下降过多。叶轮的最大车削量与水泵的比转数有关，见表

3-2。从该表中可以看出，比转数大于350的水泵不允许车削叶轮。故变径调节只适用于离心泵和部分混流泵。

表 3-2　　　　　　　　　　　　　叶片泵叶轮的最大车削量

比转数	60	120	200	300	350	350 以上
允许最大车削量 $\dfrac{D_2-D_2'}{D_2}$	20%	15%	11%	9%	1%	0
效率下降值	每车削 10% 下降 1%			每车削 4% 下降 1%		

（2）叶轮车削时，对不同的叶轮采用不同的车削方式，如图 3-11 所示。低比转数离心泵叶轮的车削量在前、后盖板和叶片上都相等；高比转数离心泵叶轮后盖板的车削量大于前盖板，并使前、后盖板车削量的平均值为 D_2'；混流泵叶轮只车削前盖板的外缘直径，在轮毂处的叶片不车削；低比转数离心泵叶轮车削后应将叶轮背面出口部分锉尖，可使水泵的性能得到改善，如图 3-12 所示。叶轮车削后应作平衡试验。

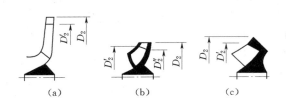

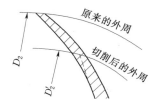

图 3-11　叶轮的车削方式　　　　　　　图 3-12　切削前、后的叶片

4. 水泵系列型谱图

车削水泵叶轮是解决水泵类型、规格的有限性与用户要求的多样性之间矛盾的一种方法，它使水泵的使用范围得以扩大。水泵的工作范围是由制造厂家所规定的水泵允许使用

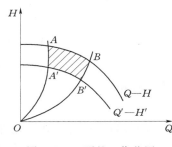

图 3-13　泵的工作范围

的流量区域，通常在水泵最高效率下降不超过 5%～8% 的范围内，确定出水泵的高效段，如图 3-13 所示的 AB 段。将水泵的叶轮按最大车削量车削，求出车削后的 $Q'-H'$ 曲线，经过 A、B 两点作两条车削抛物线，交 $Q'-H'$ 曲线于 A'、B' 两点。因为车削量较小时水泵的效率不变，所以车削抛物线也是等效率曲线。A'、B' 两点为车削后的水泵的工作范围。A、B、B'、A' 组成的范围即为该水泵的工作区域。选水泵时，若实际需要的工况点落在该区域内，则所选水泵经济合理。实际上在离心泵的制造中，除标准直径的叶轮外，大多数还有同型号带"A"（叶轮第一次车削）或"B"（叶轮第二次车削）的叶轮可供选用。将同一类型不同规格的水泵即同一系列水泵的工作区域画在同一张图上，就得到水泵系列型谱图，如图 3-14 所示。这张图对选择水泵非常方便。

三、变角调节

改变叶片的安装角度可以使水泵的性能发生变化，从而达到改变水泵工况点的目的。

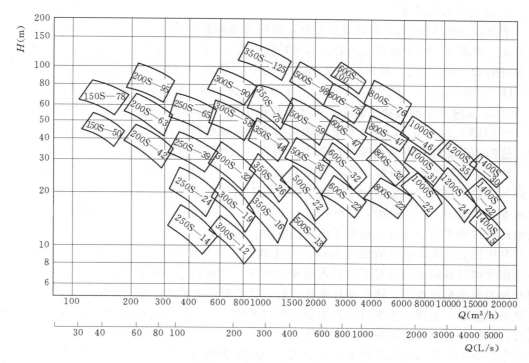

图 3-14 水泵系列型谱图

这种改变工况点的方式称为水泵的变角调节。

1. 轴流泵叶片变角后的性能曲线

轴流泵在转速不变的情况下，随着叶片安装角度的增大，$Q—H$、$Q—P$ 曲线向右上方移动，$Q—\eta$ 曲线以几乎不变的数值向右移动，如图 3-15 所示。为便于用户使用，将 $Q—P$、$Q—\eta$ 曲线用数值相等的等功率曲线和等效率曲线加绘在 $Q—H$ 曲线上，称为轴流泵的通用性能曲线，如图 3-16 所示。

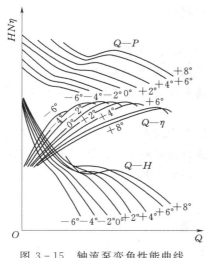

图 3-15 轴流泵变角性能曲线

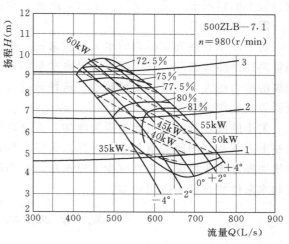

图 3-16 轴流泵的通用性能曲线

2. 轴流泵的变角运行

下面以 500ZLB—7.1 型轴流泵为例,说明按照不同扬程变化时,如何调节叶片的安装角度。在图 3-16 中画出三条管路系统特性曲线 1、2、3,分别为最小、设计、最大净扬程时的 $Q—H_需$ 曲线。如果叶片安装角度为 0°,从图中可以看出,在设计净扬程运行时,$Q=570\text{L/s}$、$P=48\text{kW}$、$\eta>81\%$;在最小净扬程运行时,$Q=663\text{L/s}$、$P=38.5\text{kW}$、$\eta>81\%$,这时水泵的轴功率较小,电动机负荷也较小;在最大净扬程运行时,$Q=463\text{L/s}$、$P=57\text{kW}$、$\eta=73\%$,这时水泵的轴功率较大,效率较低,电动机有超载的危险。

这台水泵的叶片安装角度可以调节,所以在设计净扬程运行时,将叶片安装角定为 0°。当在最小净扬程运行时,将叶片安装角调至 +4°,这时,$Q=758\text{L/s}$、$P=46\text{kW}$、$\eta=81\%$,效率较高,流量增加了,电动机接近于满负荷运行。当在最大净扬程运行时,将叶片安装角调至 -2°,这时,$Q=425\text{L/s}$、$P=51.7\text{kW}$、$\eta=73\%$,虽然流量有所减少,但电动机在满负荷下运行,避免了超载的危险。

对比以上情况,可以看出变角运行是优越的。当净扬程变大时,把叶片的安装角变小,在维持较高效率的情况下,适当减少出水量,使电动机不致超载;当净扬程变小时,把叶片的安装角度变大,使电动机满载运行,且能更多地抽水。总之,采用可以改变叶片角度的轴流泵,不仅使水泵以较高的效率抽较多的水,并使电动机长期保持或接近满负荷运行,以提高电动机的效率和功率因数。

中、小型轴流泵绝大多数为半调节式,一般需在停机、拆卸叶轮之后才能改变叶片的安装角度。而泵站运行时的扬程具有一定的随机性,频繁停机改变叶片的安装角度则有许多不便。为了使泵站全年或多年运行效率最高,耗能最少,同时满足排水或灌溉流量的要求,可将叶片安装角调到最优状态,从而达到经济合理的运行。有些泵站在排水和灌溉时的扬程不同,这时可根据扬程的变化情况,采用不同的叶片安装角。如排、灌两用的泵站汛期排水时,进水侧水位较高,往往水泵运行时的扬程较低,这时可根据扬程将叶片的安装角调大,不但使泵站多抽水,而且电动机满负荷运行,提高了电动机的效率和功率因数;在灌溉时进水侧水位较低,往往水泵的扬程较高,这时可将叶片安装角调小,在水泵较高效率的情况下,适当减少出水量,防止电动机出现超载。

四、节流调节

对于出水管路安装闸阀的水泵装置来说,把闸阀关小时,在管路中增加了局部阻力,则管路特性曲线变陡,其工况点就沿着水泵的 $Q—H$ 曲线向左上方移动。闸阀关得越小,增加的阻力越大,流量就变得越小。这种通过关小闸阀来改变水泵工况点的方法,称为节流调节或变阀调节。

关小闸阀,管路局部水头损失增加,管路系统特性曲线向左上方移动,水泵工况点也向左上方移动。闸阀关得越小,局部水头损失越大,流量也就越小。由此可见节流调节不仅增加局部水头损失,而且减少了出水量,很不经济。但由于其简便易行,在小型水泵装置和水泵性能试验中应用较多。

思 考 题 与 习 题

1. 什么是管路系统特性曲线? 它表示什么含义?

2. 什么叫水泵的工况点？如何确定？

3. 什么叫水泵的并联运行？其工况点如何确定？并联运行应注意哪些问题？

4. 什么叫水泵的串联运行？其工况点如何确定？串联运行应注意哪些问题？

5. 什么是工况调节？水泵有哪几种工况调节方法？各有何优、缺点？

6. 如何根据用户需要确定水泵的转速？

7. 如何根据水泵最高效率点确定水泵转速？

8. 如何应用车削定律解决实际问题？

9. 如何根据实际情况调节叶片安装角度？

10. 两台水泵并联运行时，其总流量 Q 为什么不等于单泵运行的流量 Q_1 和 Q_2 之和？

11. 某泵站装有一台 6Sh—9 型泵，管路阻力参数 $S = 1850.0s^2/m^5$，净扬程 $H_{st} = 38.6m$，此时水泵的出水量、扬程、轴功率和效率各为多少？

6Sh—9 型泵性能参数

流量 (L/s)	扬程 (m)	转速 (r/min)	轴功率 (kW)	效率 (%)
36	52		24.8	74
50	46	2950	28.6	79
61	38		30.6	74

12. 某泵站，安装 20Sh—28 型泵 3 台（两用一备）。

已知：进水池设计水位 11.4m，出水侧设计水位 20.30m，吸水管路阻力系数 $S_1 = 1.04s^2/m^5$，压水管路阻力系数 $S_2 = 3.78s^2/m^5$，并联节点前管路对称。

试用数解法求水泵工作时的参数。

20Sh—28 型泵性能参数

流量 (L/s)	扬程 (m)	转速 (r/min)	轴功率 (kW)	效率 (%)
450	27		148	80
560	22	970	148	82
650	15		137	70

13. 某水泵转速 $n_1 = 970r/min$ 时的 $(Q—H)_1$ 曲线高效段方程为 $H = 45 - 4583Q^2$，管路系统特性曲线方程为 $H_{需} = 12 + 17500Q^2$，试求：

（1）该水泵装置的工况点；

（2）若所需水泵的工况点流量减少 15%，为节电水泵转速应降为多少？

14. 某泵站，夏季为一台 12Sh—19 型泵工作 $D_2 = 290mm$，$Q—H$ 曲线高效段方程为 $H = 28.33 - 184.6Q^2$，管路阻力系数 $S = 225s^2/m^5$，净扬程 $H_{st} = 15m$，到了冬季需减少 12% 的供水量，为节电，拟将一备用叶轮车削后装上使用。问该备用叶轮的外径变为多少？

15. 某泵站，选用两台 6Sh—9 型水泵并联运行，并联节点前管路相对较短，水头损失忽略不计，并联节点后管路阻力系数 $S = 1850s^2/m^5$，泵站提水净扬程 $H_{st} = 38.6m$，求泵站的设计流量及水泵的流量、扬程、效率、轴功率等参数。

第四章　机组的选型与配套

泵站中的机电设备，有主机组和辅助设备两大类。水泵和动力机称为主机组。为主机组正常运行、安装、检修服务的设备称为辅助设备。机组选型、配套的合理与否，不仅直接影响到泵站能否满足排水和灌溉的要求，而且对泵站工程投资、运行成本、能源消耗、泵站效率以及泵站的安全运行等都有很大的影响。所以，必须作好机组的选型与配套工作。

第一节　水泵的选型

水泵的选型是依据排灌、供水工程规划确定的泵站流量和特征扬程及其变化规律，确定水泵的类型、型号和台数。

一、排灌泵站水泵的选型

（一）水泵选型的原则

（1）在设计扬程下，泵站的提水流量能满足供水和排灌流量的要求。

（2）水泵在长期运行中，多年平均效率高，运行费用低。

（3）按所选水泵建站，设备和土建工程投资最省。

（4）便于操作、维修、运行和管理。

（5）选用系列化、标准化、通用化及更新换代的产品，切忌选用淘汰的产品。

（二）水泵选型的方法步骤

（1）根据泵站的特征扬程，从水泵综合型谱图上（或泵类产品样本中的性能表上）选择几种扬程符合要求而流量不同的水泵。不同泵型号的单泵流量用 Q_i 表示。

（2）根据泵站设计流量 $Q_设$ 和单泵流量 Q_i，确定不同泵型的水泵台数 n_i，并使它们满足

$$Q_设 = \sum n_i Q_i \qquad\qquad (4-1)$$

式中　$Q_设$——泵站设计流量，$\mathrm{m^3/s}$；

　　　Q_i——所选泵型的单泵流量；

　　　n_i——相应于 Q_i 的泵型的水泵台数。

（3）按初选的泵型和台数，配置管路及附件并绘制管路特性曲线，求出水泵的工况点，确定水泵的安装高程。

（4）选配动力机和辅助设备，拟定泵房的结构形式、布置方式和主要尺寸等（详见第四章第二节、第五章）。

（5）针对不同的选型方案，对泵站建设所需的设备费、土建工程投资、运行管理费等进行估算。

（6）根据水泵选型原则，按照各方案的技术经济条件，供水可靠性、适应性进行分析与比较，选出最优方案，最后确定采用的泵型和台数。

（三）水泵选型中应注意的问题

1．水泵类型的选择

排灌泵站常用的叶片泵有离心泵、轴流泵和混流泵等。离心泵扬程较大，流量较小；轴流泵扬程较低、流量较大；混流泵介于离心泵和轴流泵二者之间。一般情况下，设计扬程小于 10m，宜选轴流泵；5～20m 时选混流泵较好；20～100m 时应首选单级离心泵；大于 100m 时，可选多级离心泵。轴流泵和混流泵都可选用时，应优先选用混流泵。因为混流泵的高效区比轴流泵宽、流量变化时，轴功率变化小，动力机在额定功率左右运行，比较经济，适应流量范围广，抗汽蚀性能好，泵站土建工程投资少，安装检修方便等。离心泵和混流泵都可选用时，如扬程变化较大，应优先选用离心泵。

2．水泵结构型式的选择

常用水泵的结构型式有卧式、立式和斜式三种。

（1）卧式水泵与立式水泵相比，安装精度较低，检修方便，特别是双吸离心泵，不用拆卸电动机和进、出水管路即可对水泵进行检修。叶轮在水面以上，腐蚀较轻，机组造价较低，泵房高度较小，地基承载力分布较均匀。水泵启动前要进行充水，泵房平面尺寸较大。中、小型水泵吸水管路长，水头损失大。主轴挠度大，轴承磨损不均，在最高防洪水位时，泵房需采取防洪措施。卧式水泵适用于地基承载力较小、水源水位变幅较小的泵站。

（2）立式水泵占地面积较小，要求泵房平面尺寸较小，水泵叶轮淹没于水下，水泵启动前不需要充水，启动方便。管路短，水头损失小，动力机安装在上层，便于通风，有利于防潮、防洪。泵房高度较大，安装精度要求较高，检修麻烦，机组整体造价高，主要部件在水中，易腐蚀。立式水泵适用于水源水位变幅较大的泵站。

（3）斜式水泵的安装、检修方便，且可安装在岸边斜坡上，叶轮淹没于水下，便于启动，与立式轴流泵相比，进、出水管路转弯角度小，流态较好，泵站运行效率较高。但需要专门的支承结构，动力机类型较特殊。斜式水泵适用于低扬程的泵站。

一般情况下，灌溉泵站扬程较高，宜选用离心泵或混流泵；排水泵站扬程较低，多选用立式或卧式轴流泵，或混流泵；流量较小，扬程较低的泵站，为便于安装和检修，可选用斜式轴流泵。

3．水泵台数的确定

水泵台数是指满足泵站设计流量所需水泵台数与备用水泵台数之和。

水泵台数对泵站的投资影响很大。水泵台数越多，越容易适应灌溉或排水流量变化的需要，泵站运行的可靠性越高。但在相同流量的情况下，水泵台数越少，基建投资越少，运行费用越少。单机容量越大，运行效率越高，运行管理越方便，所需管理人员越少。

一般泵站水泵台数以 2～8 台为宜。排水泵站设计流量一般较大，而且运行随机性较大，流量变化的幅度也较大，并要求在短时间内排出，应采用多台数方案，当流量小于 4m³/s 时，可选用 2 台；当流量大于 4m³/s 时，选用 3 台以上为好。灌溉泵站设计流量一般较小，流量变化的幅度也较小，灌溉泵站的运行计划性较强，当流量小于 1m³/s 时，可选用 2 台；当流量大于 1m³/s 时，选用 3 台以上为好。排灌相结合的泵站，应满足灌溉和排水流量及扬程的要求，所以，宜选多台数方案。

备用水泵主要用于满足检修、用电避峰及发生事故停机时仍能满足设计流量的要求而增设的水泵。排水泵站因运行时间短，一般不必设置备用水泵。对于灌溉泵站，备用水泵的台数一般不超过设计流量所需台数的 20%，或按设计选定的加大流量确定。对于多泥沙水源和装机台数少于 5 台的泵站，经过论证，备用水泵的台数可以适当增加。排灌结合的泵站，应根据排灌流量及排灌所需水泵台数确定，当排水量较大，机组数量较多、能满足灌溉加大流量要求时，也可不设备用水泵。

对于多级泵站，各级泵站联合运行时，水泵的流量要协调一致，多级泵站均不应有弃水或供水不足的现象。因此，多级泵站要考虑多台数方案。

【例 4-1】 某泵站以水库为水源。根据水库水位资料和泵站出水池水位求得的多年平均净扬程为 20m，设计净扬程为 24.8m，泵站设计流量为 1.2m³/s，试选择水泵。

解： 根据多年平均净扬程 20m，并考虑管路损失后，在综合性能谱图中有以下几种型号可供选择：14Sh—19、14Sh—19A、20Sh—19、24Sh—19A。以此作为四种水泵选型方案。根据水泵产品样本，绘出以上四种水泵的性能曲线，如图 4-1 所示。根据地形，地质等条件，对各方案进行管路布置，并求出各方案的管路中阻力参数 S（s²/m⁵）。根据设计净扬程，求出单台水泵的流量。根据泵站的设计流量 1.2m³/s 和各方案单台水泵在设计扬程下所对应的单台水泵的流量，求得水泵台数。根据单台水泵的配套电动机功率和机组台数，确定各方案的总装机容量（kW），再根据当地的单位容量造价（元/kW），计算各方案的工程造价。然后以多年平均净扬程求出各方案的单台水泵的流量、装置效率、运行时间、年耗电费用。最后进行技术经济比较，选出其最优方案。本例采用静态法中的年费用（包括电费和生产费，生产费包括折旧费、维修费、大修费、职工工资和行政管理费等），以最小者为最优方案。折旧费主要与工程造价有关，也与设备和建筑物的类型有关。折旧费等于工程造价与折旧率的乘积。为了考虑维修管理等各项费用，在计算年费用时。可以适当增大折旧率。本例中采用的折旧率为 4%。

以上四种选型方案的计算过程见表 4-1。由此可见，年费用最小者为 5.85 万元，相应的泵型为方案Ⅲ的 3 台 20Sh—19。最后还应对该方案的各种工况（最大扬程、最小扬程）进行校核，来确定方案Ⅲ是最经济合理的选型方案。

二、井灌区水泵的选型

井灌区的水泵选型原则是"以井定泵"，所选水泵的流量，不能超过机井的最大涌水流量。如选择的水泵流量过大，将使井中动水位大幅度下降，使得井壁内外压差增大，井壁进水流速加大，导致大量涌沙，使进水管淤塞，井内沉积，缩短井的使用寿命，甚至造成井壁坍塌，水井报废。如所选水泵流量过小，不能充分发挥机井的效益。因此，所选水泵流量应小于或等于机井的最大涌水量。井泵选型的方法和步骤如下。

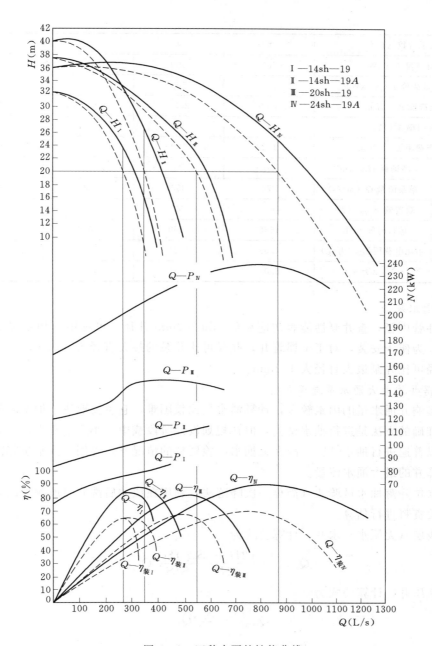

图 4-1 四种水泵的性能曲线

表 4-1 水 泵 选 型 计 算 表

方　案		I	II	III	IV
泵　型		14Sh—19A	14Sh—19	20Sh—19	24Sh—19A
管路阻力参数 S（s^2/m^5）		52.54	52.54	9.06	5.71
设计年	净扬程 H_{st}（m）	24.8	24.8	24.8	24.8
	单泵流量 Q（m^3/s）	210	310	560	760

续表

水泵台数（台）	6	4	3	2
装机容量 P（kW）	600	500	570	650
单位容量造价 α（元/kW）	500	500	500	500
工程造价 K（万元）	30.0	25.0	27.5	32.5
折旧率 β（%）	4	4	4	4
年生产费用 Σ_1（万元）	1.2	1.0	1.1	1.3

中等年份	净扬程 $H_{净}$（m）	20	20	20	20
	单泵流量 Q（m³/s）	270	350	550	880
	装置效率 $\eta_{装}$（%）	65	62	66	66
	运行时间 t（h）	1646	1960	1616	1515
	年耗电费用 Σ_2（万元）	4.53	5.21	4.75	4.75

年费用 $=\Sigma_1+\Sigma_2$（万元）	6.03	6.21	5.85	6.05

1. 初选水泵

根据井管内径，查井泵性能表初选水泵。如 200mm 井径，可选用 200QJ 型系列的深井潜水泵。为便于安装，对于金属管井，井径可比井泵的最大直径大 50mm，对于非金属管井，井径可比井泵最大直径大 100mm。

2. 根据井的最大涌水量选择泵型

由于影响井涌水量的因素较多，计算涌水量比较困难，它主要取决于抽水时的水位降深。较为准确的方法是进行抽水试验，但在规划设计阶段或中、小型工程中，有时受条件的限制难以普遍进行抽水试验。故在无抽水试验资料的情况下，可用一次水位降落抽水试验法来估算井的最大涌水流量。

一次水位降落抽水试验法（简称一次降落法）利用在成井后洗井时所测得的某一稳定水位的有关资料进行估算。

对于浅层（无压水）水井，计算公式为

$$Q_{涌max} = \frac{(2H_1 - S_{max})S_{max}}{(2H_1 - S)S}Q_1 \qquad (4-2)$$

对于承压井，计算公式为

$$Q_{涌max} = \frac{S_{max}}{S}Q_1 \qquad (4-3)$$

式中　$Q_{涌max}$——水井最大涌水量，m³/h；

H_1——井中静水位与井底的高差，m；

S_{max}——井水最大允许降深，m，一般 $S_{max} = \frac{1}{2}H_1$；

Q_1——洗井或一次水位降落抽水试验法在井水稳定时水井的出水量，m³/h；

S——相应于 Q_1 时的井水位降深，m。

根据机井的最大涌水量，查井泵性能表，选择流量小于或等于井的最大涌量的泵型。

3. 计算实际水位降深值及动水位

泵型选定后，可根据水泵的额定流量计算实际水位降深值

$$S = \frac{S_{max}}{Q_{涌max}} Q_泵 \tag{4-4}$$

式中　$Q_泵$——所选水泵的额定流量，m^3/h；

其余符号意义同式（4-2）。

根据水位降深，井中动水位埋深的计算公式为

$$H_动 = H_静 + S \tag{4-5}$$

式中　$H_动$——动水位埋深，m；

$H_静$——机井静水位埋深，即从地面到静水位的垂直距离，m。

4. 计算井下部分的泵管长度

为保证水泵的正常工作，一般要求泵体淹没于动水位以下 1～2m，其泵管长度计算公式为

$$l = H_动 + (1 \sim 2) \tag{4-6}$$

式中　l——泵管长度，m；

$H_动$——动水位埋深，m。

5. 确定水泵的总扬程

水泵总扬程的计算公式为

$$H_需 = H_净 + h_损 \tag{4-7}$$

式中　$H_需$——抽水所需扬程，m；

$H_净$——净扬程，指机井动水位到出水池水面（或出水管口中心线）的垂直距离，m；

$h_损$——管路的水头损失（管路系统的水头损失，如安装地下低压管道，还应包括低压输水管道的水头损失），m。

为可靠供水，一般井泵总扬程的计算公式为

$$H_总 = 1.1H_需 = 1.1(H_净 + h_损) \tag{4-8}$$

6. 确定叶轮级数

根据计算所得总扬程，查水泵的性能表，确定叶轮级数。所选水泵额定扬程应大于或等于总扬程。

第二节　动力机的选型

水泵通过动力机的驱动进行工作，除水泵生产厂家已给出配套动力机型号外，当水泵型号选定后，都要选配合适的动力机。

排灌泵站最常用的动力机是电动机和柴油机。电动机具有操作简单、运行可靠、管理方便、提水成本低且便于实现自动化控制等优点，但输电线路及其附属设备投资较大，同时功率受电源电压的影响较大。柴油机不受电源的限制，机动灵活、适应性强、可变速运行、有利于机组的配套和调节，但运行时易发生故障，使用、操作、维护保养等技

术要求较高，一般固定泵站很少使用柴油机。下面仅就最常用的电动机的选型问题加以介绍。

一、电动机的类型及特点

用于农田排灌泵站的电动机，有异步电动机和同步电动机两种，除大型泵站选用同步电动机外，中、小型泵站都选用异步电动机。

异步电动机，按结构有防护式和封闭式两种；按启动转矩大小分为一般启动转矩和高启动转矩两种；按转子构造可分为鼠笼型和绕线型两种。鼠笼型异步电动机具有结构简单、运行可靠、效率较高、价格较低等优点，但也有启动电流较大等缺点。因水泵轻载启动，一般能满足要求。绕线型异步电动机启动电流小，发热量少，但价格较高。

在选择电动机类型时，应考虑以下使用条件。

（1）单机容量小于 100kW 时，如启动转矩、转差率和其他性能没有特殊要求，通常采用 Y 系列防护式鼠笼型异步电动机，它具有效率高、启动转矩大、噪声小、防护性能良好等优点。

（2）单机容量在 100～300kW 时，可以采用 JS、JC 或 JR 系列异步电动机。（其中"S"表示双鼠笼型转子；"C"表示深槽鼠笼型转子；"R"表示绕线型转子）。双鼠笼型和深槽鼠笼型是鼠笼型异步电动机的特殊型号，都具有较好的启动性能，适用于启动较大负载和电源容量较小的场合。绕线型异步电动机适用于电源容量不足以启动鼠笼型异步电动机的场合，它启动电流较小、发热量也较小，但结构复杂、价格较高，一般在启、停频繁的设备上配套使用，作为水泵的动力机应用较少。

（3）单机容量在 300kW 以上时，可采用 JSQ、JRQ 系列异步电动机或 T_z 系列同步电动机。（其中"Q"表示特别加强绝缘；"T"表示同步；"Z"表示座式滑动轴承）。特别加强绝缘是为了提高电动机的端电压，从而提高启动转矩和额定转矩，进一步降低启动电流。同步电动机价格较贵，还需配置励磁设备，但具有较高且可调的功率因数和效率，适用于功率较大且连续运行时间较长的场合。

二、电动机功率的确定

与水泵配套的电动机，一般由水泵厂配套供给，如需选配时，可按水泵最大轴功率来确定，电动机输出功率的计算公式为

$$P_{配} = K \frac{\rho g Q H}{1000 \eta_{int}} \tag{4-9}$$

式中　$P_{配}$——配套电动机的功率，kW；

　　　ρ——被抽水的密度，kg/m³；

　　　K——电动机功率备用系数，一般取 $K=1.05\sim1.1$；

　　　Q——水泵工作范围内对应于最大轴功率时的流量，m³/s；

　　　H——水泵工作范围内对应于流量 Q 时的扬程，m；

　　　η——水泵对应于流量 Q 时的效率，%；

　　　η_{int}——传动效率，%。

功率备用系数 K 值是大于 1.0 的数值。因为在水泵运行中，电压的波动使水泵转速变化，引起轴功率变化，水泵和电动机性能试验中的允许误差、机组在长期运行后水泵与

管路特性的变化、水源泥沙含量的变化、水泵填料过紧及其他条件的变化等，都可引起水泵轴功率的增加，使电动机发生超负荷现象。但备用系数不宜过大，因电动机负荷不足，会造成电动机效率和功率因数降低，增加电能损失，排灌成本提高。

三、电动机转速的确定

电动机的转速，应根据水泵的转速和采用的传动方式确定。如为直接传动，则电动机与水泵的设计转速一致。如为间接传动，按传动比（水泵轴转速与电动机轴转速的比值）来确定电动机的转速。应当指出，相同容量的电动机，额定转速越高，体积越小，效率和功率因数越高，也越经济。

第三节 传 动 装 置

传动装置将水泵与动力机联系起来，把动力机的机械能传递给水泵，使水泵正常工作。传动装置分为联轴器传动、皮带传动和齿轮传动。当动力机与水泵的转速相等，旋转方向相同，轴线在同一条直线上时，采用联轴器传动。如果两者转速不等，或旋转方向不同，且两轴线不在同一条直线上时，采用皮带传动或齿轮传动。随着科学技术的进步，自动化程度的提高，液压传动、电磁传动等也将被广泛使用。

一、联轴器传动

用联轴器把动力机轴和水泵轴连接起来，借以传递能量的方式称为直接传动。直接传动的优点是结构简单、传动平稳、安全可靠、传动效率高、占地面积小；其缺点主要是不便于转速的调节，不利于小型动力机的综合利用。

目前，国内大部分水泵的转速按电动机的转速设计，所以电动机和水泵常用联轴器传动。联轴器又可分为刚性和弹性两种。

1. 刚性联轴器

刚性联轴器有多种结构形式，常用的结构型式为凸缘联轴器。它由两个带凸缘的半联轴器（又称靠背轮）和螺栓组成。两个半联轴器用螺栓连接，半联轴器用键和轴连接。用于立式机组的凸缘联轴器与轴的连接除键外，还用拼紧螺母拧紧，如图4-2所示。

刚性凸缘联轴器结构简单，传递功率不受限制，而且能承受轴向力，所以在立式机组中常被采用。但刚性连接，要求安装的精度很高，否则运行时转轴会产生较大的周期性弯曲应力，严重的还可能使泵轴扭弯、折断，所以在卧式机组中很少采用。

2. 弹性联轴器

常用的弹性联轴器有圆柱销和爪形弹性联轴器。

圆柱销弹性联轴器由半联轴器、圆柱销、弹性圈和挡圈组成。弹性圈用橡胶或皮革制

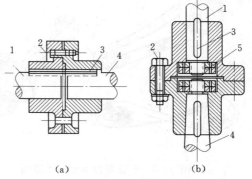

图4-2 刚性凸缘联轴器
(a) 键连接；(b) 键加拼紧螺母连接
1—动力机轴；2—连接螺栓；3—键；
4—泵轴；5—拼紧螺母

成，具有缓冲、减振作用。该种联轴器安装精度低，所以使用较为普遍。圆柱销弹性联轴器如图4-3所示。

爪形弹性联轴器是用两个半爪形联轴器和用橡胶制成的星形弹性块组成，结构简单，装卸方便。安装精度低，但联轴器本身的制造精度较高。传递力矩较小，适用于小型卧式机组。爪形弹性联轴器如图4-4所示。联轴器一般由水泵厂成套供应，如需选用，可按所需直径和传递扭矩从标准化产品中选择。

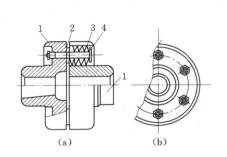

图4-3　圆柱销弹性联轴器
1—半联轴器；2—挡圈；
3—弹性圈；4—圆柱销

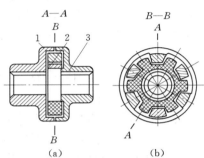

图4-4　爪形弹性联轴器
1—泵联轴器；2—弹性块；
3—动力机联轴器

二、皮带传动

皮带传动有平皮带和三角皮带传动两种。

1. 平皮带传动

平皮带传动由皮带和皮带轮组成，依靠皮带和皮带轮之间的摩擦力来传递功率。平皮带传动的优点是传动平稳、噪声小、能缓解冲击、吸收振动，结构简单，维修使用方便，成本低；过载时，因皮带打滑可免遭机器损坏。缺点是水泵和动力机轴及轴承均受一定的弯曲应力，传动比不易控制，传动效率低，占地面积大。

平皮带传动按其布置方式可分为以下三种（如图4-5所示）。

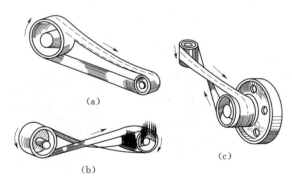

图4-5　平皮带传动形式示意图
(a) 开口式；(b) 交叉式；(c) 半交叉式

（1）开口传动。适用于两轴平行，转向一致，传递功率较大，传动速度5～25m/s，传动比 $i=1/5\sim5$ 的场合。

（2）交叉传动。适用于两轴平行，转向相反，传递功率不大，传动速度不大15m/s，传动比 $i=1/6\sim6$ 的场合。

（3）半交叉传动。适用于两轴成90°交叉，皮带轮不能倒转，传动速度不大于15m/s，传动比 $i=1/3\sim3$ 的场合。

2. 三角皮带传动

三角皮带是一种柔性连接物，具有梯形断面，紧嵌在皮带轮缘的梯形槽内，由于其两侧与轮槽接触紧密，摩擦力比平皮带大，因此传动比较大。同时，占地面积小，可以缩小泵房面积。

三、齿轮传动

齿轮传动靠两个齿轮的啮合运动来传递能量。常用的有圆柱齿轮、伞形齿轮和齿轮变速箱等。根据水泵轴与动力机轴的相对位置不同，所采用的齿轮传动形式不同，两轴平行时，采用圆柱形齿轮，如图4-6所示；两轴相交时，采用伞形齿轮，如图4-7所示。在大型泵站中还可采用齿轮变速箱传动。

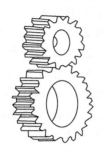

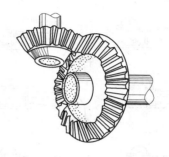

图4-6　圆柱齿轮传动　　　　　　图4-7　伞形齿轮传动

齿轮传动具有传动效率高、传递功率范围大、寿命长、传动比精确、操作安全、结构紧凑、占地面积小等优点。齿轮传动的缺点是制造工艺复杂，安装精度高，价格较高，目前使用还不太普遍。

第四节　管　路　及　附　件

管路是泵站工程的重要组成部分，包括进水管路和出水管路。管线的选择和布置、管路的连接、管路直径的确定、管路附件的选择等在泵站规划设计中非常重要，将影响到泵站的造价和安全运行。如管路设计不合理，不仅增加工程投资，降低水泵装置效率，增加运行费用，而且引起水泵的汽蚀和振动，也可能发生水锤事故，引起管路破裂，给泵站和工农业生产带来严重损失。

一、进水管路

1. 进水管路的类型

进水管路是水泵进口之前的管路，又称吸水管路。进水管路内的压力通常低于大气压力，外部承受大气压和其他荷载。因此，要求进水管路应严密不漏气。

进水管路的管材有钢管、铸铁管和钢丝橡胶管。钢管强度高、韧性好、易于加工成形，接头连接方便可靠，密封性好，且利于检修和拆装，实际生产中钢管采用较多。铸铁管性脆、管壁厚、重量大、水头损失大，其使用在一定程度上受到限制。钢丝橡胶管寿命短，水力摩擦阻力大，价格高，其成品规格最大直径只有400mm，所以仅用于一些小型或临时性的抽水装置。

2. 进水管路的布置

进水管路的布置，一般应注意以下几点。

（1）进水管路不宜过长，一般在6～10m范围内，管路附件和弯头应尽量少，以减少进水管路水头损失。

（2）弯管与水泵之间应有不小于 4 倍管径的直管段，否则将使水泵的效率降低，出水量减少。

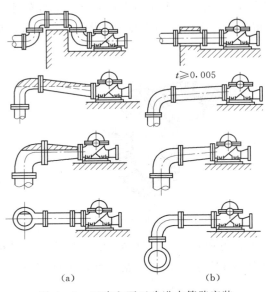

图 4-8　正确和不正确进水管路安装
(a) 不正确；(b) 正确

（3）进水管路与水泵进口直径不同时，用偏心异径管连接，以免形成气囊，如图 4-8 所示。

（4）进水管路安装时，沿水流方向应有上倾的坡度，以免管内顶部积气，不易被水流带走，影响水泵正常运行。

（5）当水泵安装高程低于进水池水面时，在进水管路上应设闸阀，以便检修水泵时截断水流。闸阀采用卧式安装，以避免阀体上部积存空气。

3. 进水管路管径的确定

管径的大小将影响到管路的水头损失和造价，管径越小，造价越低，水头损失增大。管径越大，造价越高，水头损失越小。因此，在选择管路直径时，一般选择比水泵进口直径大一级的尺寸或控制管中流速在 1.5～2.0m/s 之间。进水管路直径的计算公式为

$$D = (0.92 \sim 0.8)\sqrt{Q} \qquad (4-10)$$

式中　D——进水管路的直径，m；

　　　Q——进水管路的最大流量，m^3/s。

所选管路直径参照有关手册，取其相近的标准管径。

二、出水管路

1. 出水管路的类型

出水管路是水泵出口之后的管路，又称压水管路。出水管路有钢管、铸铁管和钢筋混凝土管等。应根据压力高低、直径大小、施工条件，并结合各种管材的性能特点确定出水管路类型。

（1）钢管。钢管的优点是管壁薄、重量轻、强度高；承受内水压力大、输水效率高、管段长、接头简单。缺点是造价高、易腐蚀、使用时需在表层涂防腐材料。适用于高扬程泵站，管径大于 800mm 的管路。

（2）铸铁管。铸铁管的优点是造价比钢管低，不易腐蚀，寿命长。缺点是管壁厚、重量大、材质脆、水头损失大、不易维修等。适用于中等扬程的泵站，管径小于 600mm 的管路。

（3）钢筋混凝土管。一种为普通钢筋混凝土管，另一种为预应力钢筋混凝土管。普通钢筋混凝土管的优点是造价低、寿命长、养护费用低、输水效率高。预应力钢筋混凝土管的优点是节省钢材、抗渗性好、输水效率高，承受内水压力大。这两种管路的缺点是重量大、运输和安装不方便、接口处理困难。普通钢筋混凝土管适用于 50m 水头以下的各种

泵站，管径为 30～150mm 的管路；预应力钢筋混凝土管适用于高扬程泵站，管径小于 200mm 的管路。

2. 出水管路的布置

出水管路的布置，对泵站安全运行和工程投资均有较大影响，应通过方案比较后确定。管路布置时应考虑管线的选择，其原则是。

（1）管线应尽量垂直于地形等高线，以利于管坡的稳定，也可缩短管路长度。铺设角度应视土体自身的稳定要求而定，通常采用的管坡为 1：2～1：3。

（2）尽可能减少转弯，使管路短而顺直，以减少水力损失和工程投资。对于地形起伏变化大的情况，应考虑变化管坡布置，尽量减少工程的开挖量，避开填方地段。

（3）管路应尽量布置在最低压力线（即发生水锤时，管路内的水压降低过程线）以下，避免管内出现水柱分离现象。

（4）管路应布置在坚实的地基上。对于可能发生不均匀沉陷、滑坍、泥石流等不稳定现象，要认真研究其对管路的影响并采取相应措施。

出水管路布置方式，通常有一泵一管平行布置、一泵一管收缩布置和并联布置等，可根据具体情况选择相应的布置方式。

出水管路的铺设方式有明式和暗式两种。明式的优点是便于管路的安装、维护和检修，缺点是受外界温度变化影响较大，易产生较大的温度应力和伸缩变形。暗式的优缺点与明式相反。一般对于钢筋混凝土管，由于基本上不需要维护和检修，宜采用暗式铺设或者采用沿地面铺设，然后用砖砌体围护起来，以降低外界温度变化的影响。对于容易锈蚀的金属管路，宜采用明式铺设，当个别管段需要铺设在地面以下时，应有良好的防腐措施或者铺设在管沟内。

出水管路的支承方式，根据管材、管径、管路连接形式、管坡和地基条件有连续管床、分段管床、支墩等形式，可根据具体情况选择相应的支承方式。

3. 出水管路管径的确定

（1）年费用最小法。

年费用包括年耗电（或耗油）费和年生产费（包括管路折旧费和维修养护费），即

$$U = U_1 + U_2 \qquad (4-11)$$

式中 U——年费用，元；

$\quad U_1$——年耗电（或耗油）费，元；

$\quad U_2$——年生产费，元。

U_1 和 U_2 都是管径 D 的函数。假定一系列的管径，即可求出一系列 U_1、U_2 和 U，并绘出 U_1—D，U_2—D 和 U—D 曲线，如图 4-9 所示。其中 U 的最小值所对应的管径，即为经济管径 $D_{经}$。

按式（4-11）计算出管路直径后，再选取标准管径。

（2）经验公式法。

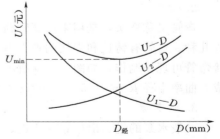

图 4-9 经济管径的确定

确定经济管径的经验公式有两种：一种是根据扬程和流量确定；另一种是根据经济流速确定。

1）根据扬程和流量确定经济管径：

$$D_{经} = \sqrt[7]{\frac{5.2Q_{max}}{H_{st}}} \tag{4-12}$$

式中　$D_{经}$——出水管路的经济管径，m；

　　　Q_{max}——管内最大流量，m^3/s；

　　　H_{st}——泵站净扬程，m。

应当指出这种方法忽略了很多因素，对于高扬程泵站较为适宜，对于低扬程泵站，计算的管径偏大。

2）根据经济流速确定经济管径：

$$D = 2\sqrt{\frac{Q}{\pi v}} \tag{4-13}$$

式中　D——出水管路的经济管径，m；

　　　Q——管路内多年平均流量，m^3/s；

　　　v——出水管路经济流速，m/s，当扬程小于 50m 时，取 $v=1.5\sim2.0$m/s；当扬程为 50～100m 时，取 $v=2.0\sim2.5$m/s。

3）简便经济管径的计算公式：

$Q < 120m^3/s$ 时　　　　　　　　$D = 13\sqrt{Q}$ 　　　　　　　　$(4-14)$

$Q > 120m^3/s$ 时　　　　　　　　$D = 11.5\sqrt{Q}$ 　　　　　　$(4-15)$

式中　D——出水管路的经济管径，mm；

　　　Q——出水管路的设计流量，m^3/h。

上述经验公式计算简单，精度较低，一般在初步设计时采用。

三、管路附件

管路附件的设置与管路长度、扬程大小、铺设方式等有关。一般管路附件包括管件及阀件。应根据运行安全可靠、经济的原则选配管路附件。

1. 喇叭口

喇叭口是安装在进水管路进口上的管件。其作用是减小进水管路进口的水头损失，保证水流均匀地流入进水管路。喇叭口的直径通常为 $(1.3\sim1.5)D$，D 为进水管直径。

2. 弯管

弯管又称弯头，是用来改变管路方向的管件。常用的弯管有 90°、60°、45°、30°、15°等几种。弯管有铸造和焊接两种类型。铸造弯管按公称直径可从有关产品目录中选择；焊接弯管可现场制作，如图 4-10 所示为 90°焊接弯管，是由多个带斜截面的直管段焊接制成，曲率半径 $R = (1.5\sim2.0)D$ 为宜。

3. 渐变管

一般水泵的进、出口直径比进、出水管路直径小，必须用渐变管连接。常用的渐变管为偏心异径管和同心异径管两类，如图 4-11 所示。为避免管路中存气，水泵进口端用偏心异径管，其长度 $L = (3 \sim 5)(D_2 - D_1)$，$D_1$ 为水泵进口直径，D_2 为进水管路直径。水泵出口端用同心异径管，其长度 $L = (5 \sim 7)(D_2 - D_1)$，其中 D_1 为水泵出口直径，D_2 为出水管路直径。

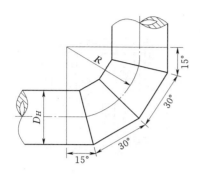

图 4-10　90°焊接弯管示意图

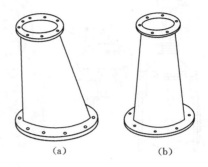

图 4-11　变径管示意图

（a）偏心渐缩变径接管；（b）同心渐扩变径接管

4. 底阀

底阀是安装在进水管进口的单向阀，常与滤网连成一体，如图 4-12 所示。

底阀的作用是在水泵启动前，人工充水时防止漏水。底阀的水头损失很大，使用过程中又易出现故障，一般只有在进水管路直径小于 200mm 时才采用底阀。

5. 闸阀

闸阀一般安装在出水管路上。其作用是离心泵闭阀启动，降低启动功率；停机时，防止出水管路的水倒流；抽真空充水时，隔绝外界空气；检修水泵时，截断水流；水泵运行时，可调节水泵的流量等。

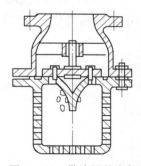

图 4-12　带滤网的底阀

泵站闸阀一般选用电动暗杆楔式或电动暗杆平行式闸阀，如图 4-13 所示。这种闸阀密封效果好、运行可靠。可根据公称直径、公称压力及运行条件在有关手册或样本中选配。

6. 逆止阀

逆止阀又称止回阀，安装在水泵出口附近的出水管路上，是单向阀，如图 4-14 所示。其作用是当事故停泵来不及关闭闸阀时，逆止阀迅速关阀，截断水流，以防止水倒流致使机组长时间反转。

常用逆止阀有旋启式和升降式两种。直径大于 400mm 时，设有旁通阀，用以减少水锤压力。

由于逆止阀的水头损失大，而且因快速关闭形成较大的水锤压力，所以对于中、低扬程的泵站一般不设逆止阀，而用拍门代替。对于扬程较高或经计算需设逆止阀的泵站，应选缓闭逆止阀或微阻缓闭逆止阀。

近年来，我国在一些大型高扬程泵站采用了液压式缓闭蝶阀，既可防止水倒流，又能抑制水锤压力的升高，水力损失也比普通逆止阀小得多。

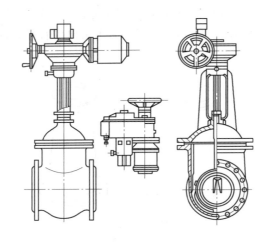
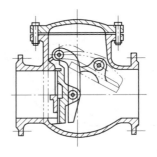

图 4-13　电动闸阀构造示意图　　　　　　　图 4-14　旋启式逆止阀

7. 拍门

　　拍门是安装在出水管路出水口的单向门，是泵站管路出口的主要断流方式之一，如图 4-15 所示。停泵或事故停泵时，利用自重和倒流水压力自动关闭，避免出水池水倒泄。由于它结构简单、造价较低、管理方便，所以被广泛应用。

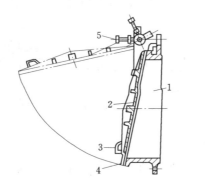
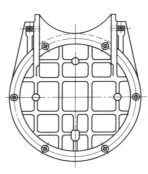

图 4-15　拍门外形和构造示意图
1—短管；2—盖板；3—升起柄；4—橡胶；5—调节螺丝

　　拍门分整体自由式、平衡锤式和双节式等三种。当水泵开启后自由式拍门在水流的冲击下自动打开。因拍门淹没于水下，停机后靠自重及倒流水压力自动关闭。平衡锤式拍门是在拍门的盖板上系一钢丝绳，该绳绕过滑轮，另一端挂有平衡锤，如图 4-16 所示。当水泵开启后，在平衡锤的作用和水流冲击下，拍门开启，并保持在一定的位置，从而减小了水头损失。但是，当水泵停机后拍门在没有水流冲击的情况下缓慢关闭，延长了关闭

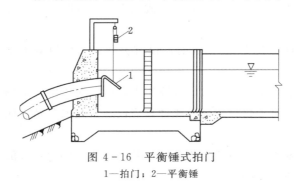

图 4-16　平衡锤式拍门
1—拍门；2—平衡锤

时间，加大了关闭时的撞击力。双节式拍门是由上、下两节盖板，中间用铰链连接。水泵开启后，在水流的冲击下，下节门先开启，上节门在水流冲击和下节门的浮力作用下再开启，减小了开启时的水头损失。当水泵停机后，拍门关闭与打开顺序正好相反，减轻了拍门关闭的撞击力。

思 考 题 与 习 题

1. 水泵选型时应考虑哪些因素？选型的原则和步骤如何？

2. 为什么扬程是泵型选型的主要依据？按设计扬程和多年平均扬程选泵有什么差别？

3. 某处打成一眼承压井，经检查井管的垂直度符合要求，井深 83m，静水位埋深 38m，井管内径 300mm，洗井时井的出水量 $20m^3/h$ 时的水位降深为 5m。试为该井选择一台井泵。

4. 电动机选型时应考虑哪些因素？

5. 机组的传动方式有哪几种？各有什么优缺点？

6. 为了保证水泵装置安全而经济地运行，对进水管路安装、尺寸以及进水管路的附件有什么要求？

7. 管路有哪些附件？各附件的作用是什么？

第五章 泵站工程设施

泵站枢纽工程包括引水建筑物、取水建筑物、进水建筑物、泵房、出水建筑物等，本章主要介绍进水建筑物、泵房、出水建筑物等。

第一节 泵站进水建筑物

进水建筑物包括前池和进水池。

一、前池

1. 前池的作用

前池是连接引渠和进水池的建筑物。其作用是把引渠和进水池合理地衔接起来，使水流平稳且均匀地流入进水池，为水泵提供良好的吸水条件。

2. 前池的类型

根据水流方向，前池分为正向进水前池和侧向进水前池两大类。

（1）正向进水前池。

正向进水前池是指前池中的水流方向和进水池水流方向一致，如图 5-1 所示。

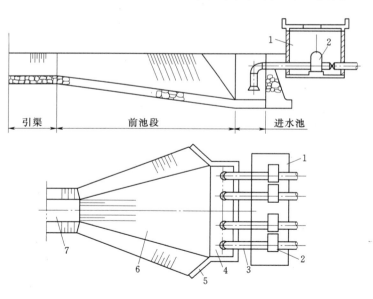

图 5-1 正向进水前池示意图

1—泵房；2—机组；3—进水管；4—进水池；5—翼墙；6—前池；7—引渠

正向进水前池的主要特点是形状简单，施工方便，池中水流比较平稳。因此当地形条件允许时应尽量采用正向进水前池。但水泵机组较多时，为了保证池中有较好的流态，池长较大，工程量也较大。这对于开挖困难的地质条件十分不利。为此，可将正向进水前池做成折线形或曲线形。

（2）侧向进水前池。

侧向进水前池是指前池中的水流方向和进水池水流方向正交或斜交，如图 5－2 所示。

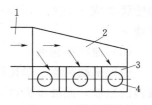

图 5－2　侧向进水
前池示意图
1—引渠；2—前池；
3—进水池；4—水泵

侧向进水前池由于流向的改变，水流流态较差，池中易形成回流和漩涡，从而影响水泵吸水，甚至使最里面的水泵无法吸水。

3. 正向进水前池尺寸的确定

（1）前池扩散角的确定。

扩散角 α 是影响前池水流流态及池长的主要因素，如图 5－3（a）所示。α 值的确定应以不发生边壁脱流和工程经济合理为原则。从工程经济上考虑，当引渠底宽 b 和进水池底宽 B 一定时，α 值越大，则池长越短，工程量越小，但越容易引起边壁脱流，使池中水力条件恶化；反之，α 值减小，虽然不会出现边壁脱流，但池长增大，工程量也随之增大。

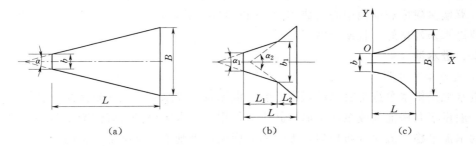

图 5－3　前池边壁扩散形式
（a）直线扩散；（b）折线扩散；（c）曲线扩散

根据有关试验和实际经验，前池扩散角可取 $\alpha = 20° \sim 40°$。

（2）前池池长的确定。

当引渠末端底宽 b 和进水池宽度 B 已知且前池边壁为直线型时，根据已选定的前池扩散角 α 用下式计算前池长度 L

$$L = \frac{B - b}{2\tan\dfrac{\alpha}{2}} \qquad (5-1)$$

由式（5－1）可知，当 B 和 b 相差很大时，前池长度 L 也会很大，从而增加工程投资。为此，可采用折线型或曲线型扩散前池，如图 5－3（b）、图 5－3（c）所示。

图 5－3（b）是边壁为折线型的前池，在 L_1 段内扩散角为 α_1，在 L_2 段内扩散角为 α_2，且 α_1 和 α_2 都小于或等于所在断面水流扩散角的 2 倍，这样既保证了水流不脱壁又缩短了池长。如果前池折线段数增加，池长还可进一步缩小，当折线段数无限增多时，前池

边壁就变成了连续光滑的曲线，如图 5-3（c）所示，这就是池长最短的曲线扩散型前池。

（3）池底纵向坡度。

引渠末端高程一般比进水池底高，前池除了平面扩散外，池底往往做成向进水池方向倾斜的纵坡，此坡度值可按下式确定

$$i = \frac{\Delta H}{L} \qquad\qquad (5-2)$$

式中　ΔH——引渠末端渠底高程和进水池底高程差；

　　　　L——前池长度。

前池坡度越陡，土方开挖量越小，因此从工程经济观点来看，i 值选得大些好。

综合水力和工程经济条件，池底坡度应采用 $i = \frac{1}{3} \sim \frac{1}{5}$。

当 $i < \frac{1}{3} \sim \frac{1}{5}$ 时，为了节省工程量，可将前池前段底部做成水平，靠近进水池的后段做成斜坡，并使此斜坡 $i = \frac{1}{3} \sim \frac{1}{5}$。

（4）前池翼墙。

前池与进水池连接的边墙称翼墙。翼墙的形式有直立式、倾斜式、圆弧式、扭曲面等形式。翼墙多建成和前池中心线成 45°夹角的直立式翼墙，如图 5-1 所示。这种形式的翼墙可使进水条件良好，且便于施工。

二、进水池

1. 进水池的作用

进水池是供水泵进水管（卧式离心泵、混流泵）或水泵（立式轴流泵）直接吸水的水池，一般设于泵房前面或泵房下面，其主要作用是为水泵提供良好的吸水条件。要求进水池中的水流平稳，流速分布均匀，无漩涡和回流，否则不仅会降低水泵的效率，甚至引起水泵汽蚀，机组振动而无法工作。影响池中水流流态的因素除前池水流流态外，主要取决于进水池几何形状、尺寸、吸水管在池中的位置以及水泵的类型等。

2. 进水池形状和尺寸的确定

（1）进水池边壁形式。

进水池边壁形式一般有矩形、多边形、半圆形、圆形、马鞍形和蜗壳形等几种，如图 5-4 所示。边壁形式的选择应从水力条件良好、工程量小及施工方便等方面考虑。

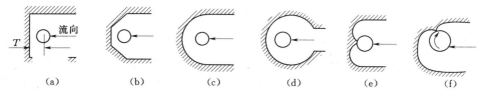

图 5-4　进水池各种边壁形式

（a）矩形；（b）多边形；（c）半圆形；（d）圆形；（e）马鞍形；（f）蜗壳形

　　矩形进水池是泵站中最常见的一种形式。这种形式在拐角处和水泵的后壁容易产生漩涡，另外受前池流态的影响，在池中易产生回流，水泵进水管口阻力系数较大。但其形式简单、施工方便，在中、小型泵站中采用较多。

　　多边形和半圆形进水池，对消除拐角处的漩涡有好处，但仍有利于回流的形成。因此，控制后墙距较为重要。由于二者基本符合流线形状，管口阻力系数比矩形的小，另外其形式简单、施工方便，在中、小型泵站中采用较多。

　　圆形进水池因水流进入水池后突然扩散，易形成回流和漩涡，导致池中的水流紊乱，对水泵的性能影响较大，且进口阻力系数较半圆形的大。但从结构上看，它具有较好的受力条件，节约材料，且紊乱的水流可对含泥沙水流起搅拌作用，有利于防止泥沙淤积，所以在多泥沙的取水泵站中采用较多。

　　马鞍形和蜗壳形进水池符合水流运动规律，进水条件良好，对防止漩涡和回流都有好处。但其线形较复杂，施工难度较大，目前仅用于大型轴流泵站。

　　（2）进水管口在进水池中的位置。

　　表征进水管口在进水池中位置的参数有淹没深度 h_1、悬空高度 h_2、后墙距 T 和侧墙距 C 等。

　　1）淹没深度 h_1。淹没深度 h_1 为进水池最低水位至进水管口的距离。淹没深度 h_1 对水泵吸水性能具有决定性的影响，如此值确定不当，池中将形成漩涡，甚至产生进气现象，使水泵效率降低。例如当进气量为 1% 时，水泵效率下降 $5\%\sim15\%$，当进气量为 10% 时，水泵就不能工作了。除此之外，漩涡的出现，还可能引起机组超载、汽蚀、震动和噪声等不良后果。表面漩涡（进水池水面上形成的吸气漩涡）开始断断续续地将空气带进水泵时的管口淹没深度，称为临界淹没深度。为了保证水泵不吸入空气，进水池中的最小淹没深度应大于临界淹没深度。

　　影响临界淹没深度的因素很多，主要因素有管口直径 $D_{进}$、进口流速 $V_{进}$、后墙距 T、悬空高度 h_2 等。

　　国内外对淹没深度曾进行过多次实验研究，提出了不同的确定临界淹没深度的方法。从分析对比中发现，各种方法求出的临界淹没深度值出入较大，因此在选用时必须注意其试验条件，否则会产生较大的误差。

　　淹没深度可根据进水管进口布置形式确定。

　　进水管口垂直布置时，$h_1 \geqslant (1.0\sim1.25) D_{进}$；

　　进水管口倾斜布置时，$h_1 \geqslant (1.5\sim1.8) D_{进}$；

　　进水管口水平布置时，$h_1 \geqslant (1.8\sim2.0) D_{进}$。

　　2）悬空高度 h_2。悬空高度 h_2 为进水管口至池底的距离，如图 5-5 所示。该高度在满足水力条件良好和防止泥沙淤积管口的情况下，应尽量减少为宜，以减少池深、降低工程造价。

　　悬空高度可根据进水管进口布置形式确定。

　　进水管口垂直布置时，$h_2 = (0.6\sim0.8)D_{进}$；

　　进水管口倾斜布置时，$h_2 = (0.8\sim1.0)D_{进}$；

　　进水管口水平布置时，$h_2 = (1.0\sim1.25)D_{进}$。

3）后墙距 T。后墙距为喇叭口中心线至进水池后墙的距离。对各种边壁形式，其进水管口阻力系数 ξ 均随比值 $T/D_{进}$ 的减小而减小，当 $T/D_{进}=0$（仅靠后墙），ξ 值最小。后墙距一般取 $(0.8\sim1.0)D_{进}$。

4）侧墙距 C。侧墙距为喇叭口中心线至边墙距离。有关试验及分析表明，符合水流条件的侧墙距 C 应为

$$C = 1.5D_{进} \qquad (5-3)$$

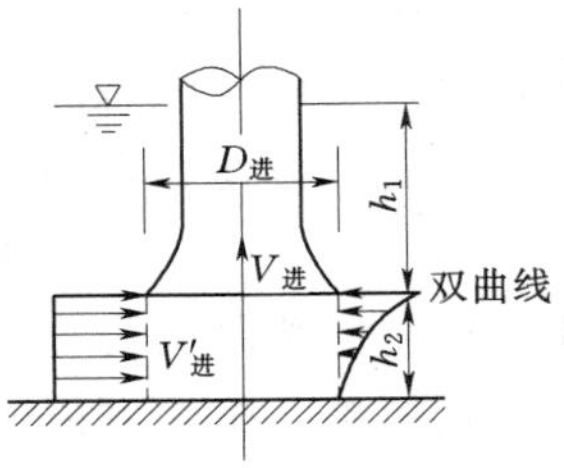

图 5-5　管口悬空高度及淹没深度

5）进水喇叭口直径的确定。进水喇叭口直径 $D_{进}$ 是进水池设计的主要依据之一。增大 $D_{进}$ 时，进入喇叭口的流速减小，相应的池中流速也降低，临界淹没深度也会减小，但增加了进水池的工程量。而过小的 $D_{进}$ 虽然可以减小进水池尺寸，但又会增加喇叭进口的阻力参数，一般可取 $D_{进}=(1.3\sim1.5)D_1$（D_1 对卧式泵为进水管管径，对立式轴流泵为叶轮直径，而对立式混流泵则为叶轮进口直径）。

6）进水池尺寸长度的确定。进水池必须有足够的有效容积，否则在启动过程中，可能由于来水较慢，进水池中水位急速下降，致使淹没深度不足而造成启动困难，甚至使水泵无法抽水。

在确定进水池长度 L 时，一般按进水池的有效容积为总流量的倍数计算。即

$$hBL = KQ \qquad (5-4)$$

$$L = \frac{KQ}{hB} \qquad (5-5)$$

式中　　L——进水池最小长度，m；

Q——泵站总流量，m^3/s。

K——秒换算系数，当 $Q<0.5m^3/s$ 时，$K=25\sim30$；当 $Q>0.5m^3/s$ 时，$K=15\sim20$。

一般规定，在任何情况下，应保证从进水管中心至进水池进口至少有 $4D_{进}$ 的距离。

7）进水池宽度的确定。进水池宽度对池中漩涡、回流和水头损失都有影响。池宽 B 过小会使池中流速过大，管口阻力损失增大；B 过大时又会有利于漩涡的形成，并且增加工程造价。

如果泵站只有一台机组或机组之间有隔墩，则取 $B=\pi D_{进}$，或取其整数倍，即 $B=3D_{进}$。

如果泵站为多台卧式机组，进水池的宽度一般取决于机组间距，而机组间距通常由泵房内部布置所确定。

第二节　泵　　房

泵房是安装水泵、动力机、电气设备及其他辅助设备的建筑物，是泵站工程的主体，其主要作用是为水泵机组、辅助设备及运行管理人员提供良好的工作条件。不同的泵房形式影响并决定泵站进、出水建筑物的形式及其布置。合理设计泵房，对节约工程投资，延

长设备使用寿命，保证安全和经济运行都具有重要意义。

泵房的结构形式很多，按泵房能否移动分为固定式泵房和移动式泵房两大类。固定式泵房按基础结构又分为分基型、干室型、湿室型和块基型四种结构形式。移动式泵房根据移动方式的不同分为浮船式和缆车式两种类型。本章主要讲述固定式泵房的泵房形式、结构特点、适用条件、内部布置和尺寸确定。

一、分基型泵房及特点

分基型泵房的基础与机组基础分开建筑，属单层结构，如图 5-6 所示。其特点是泵房结构和一般工业厂房相似，多为砖混结构且无水下结构，设计简单，施工容易，由于泵房地面高于进水池最高水位，通风、采光及防潮条件都比较好，有利于机组和电气设备的运行和维护，是中、小型泵站最常采用的结构形式。

分基型泵房的适用条件为：

（1）安装卧式离心泵或混流泵机组。

（2）站址处地质及水文地质条件较好，地下水位较低。

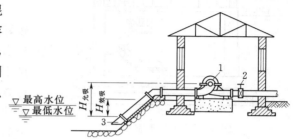

图 5-6 分基型泵房
1—水泵；2—闸阀；3—吸水喇叭口

（3）水源水位变幅小于水泵的有效吸程（允许吸水高度减去水泵基准面至泵房地面的距离），即泵房地面在进水池最高水位以上。

如果水源水位变幅超出水泵的有效吸程不大，且仍然采用分基型泵房时，可通过在站前建防洪闸或挡水墙来解决采用分基型泵房时的防洪问题。这时应注意洪水位对泵房地基的不利影响（如渗透、湿陷等）。

分基型泵房进水池边坡可以建成斜坡式，也可以建成直立挡土墙式。斜坡式进水管路较长，但比修建挡土墙经济。如果在深挖方或地基条件较差的场合下建站，为了减少开挖和加固岸边的工程量，可将进水池后墙建成直立式。

二、干室型泵房及特点

当水源水位变幅较大，为了防止高水位时水从泵房四周和底部渗入，将泵房四周墙壁和泵房底板以及机组基础用钢筋混凝土浇筑成不透水的整体，形成干燥的地下室，这种泵房称为干室型泵房。

干室型泵房的结构特点是有地上和地下两层结构，地上结构和分基型泵房基本相同，地下结构为不允许进水的干室，主机组安装在干室内，其基础与干室底板用钢筋混凝土浇筑成整体。为了避免水进入泵房，地下干室挡水墙的顶部高程应高于进水侧最高水位，底板高程按最低水位和水泵吸水性能确定。另外，和分基型泵房相比，其结构复杂，工程量较大，泵房的通风、采光条件也较差。

干室型泵房的适用条件为：

（1）水源水位变幅大于水泵有效吸程。

（2）地质及水文地质条件较差，如地基承载力低、地下水位高等。

（3）采用分基型泵房在技术、经济上不合理。例如，为了采用分基型泵房需在站前建闸控制水位，这既增加了工程投资，又加大了提水扬程，使提水成本增加。

干室型泵房的平面形状有矩形和圆形两种，在立面上可以是单层（卧式机组），也可以是多层（立式机组）。矩形干室型泵房便于设备布置和检修维护，能很好地利用平面尺寸，但矩形结构受力条件差。适用于水泵机组台数较多和水源水位变幅不太大的场合，如图 5 - 7 所示。

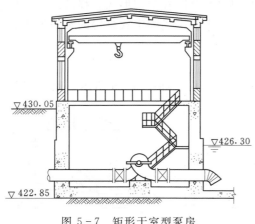

▽430.05

▽426.30

▽422.85

图 5 - 7   矩形干室型泵房

圆形干室型泵房的优点是结构受力条件较好，可以抵抗较大的水压力并减少工程量，当水源水位变幅较大时采用比较有利。但圆形干室型泵房内机组和管路布置不如矩形泵房方便，容易相互干扰，不能充分利用平面尺寸。适用于水源水位变幅大，机组台数较少的场合。

由于圆形泵房的高度大，为充分利用泵房空间，最好采用立式离心泵（或混流泵）机组，这样可将立式电动机和配电设备安装在上层楼板上，并有利于改善通风、采光、防潮条件。

三、湿室型泵房及特点

湿室型泵房的特点是泵房下部有与前池相通的湿室（即进水室），故称湿室型泵房。该泵房一般分为两层，下层为进水层，称为进水室，水泵叶轮淹没于水面以下直接从进水室吸水；上层安装电动机和配电设备，称电机层。有时采用封闭的有压进水室，则泵房分为三层，下层为进水室，中层为水泵层，上层为电机层。

湿室型泵房适用于安装口径在 900mm 以下的立式轴流泵和导叶式混流泵，水源水位变幅较大及站址处地下水位较高的场合。其优点是进水室中充满水，可以平衡部分水的浮托力，增加了泵房的整体稳定性；缺点是泵体淹没于水下，维修保养比较困难。

湿室型泵房按其下部结构形式的不同，又可分为墩墙式、排架式、箱式等多种形式。墩墙式湿室型泵房的结构形式如图 5 - 8 所示。

墩墙式湿室型泵房的优点是每台泵有单独的进水室，水流条件好，进水室可设闸门和拦污栅，便于单台水泵检修。

四、块基型泵房及特点

安装大型轴流泵或混流泵的泵站，由于流量大对进水流态要求较高，为了给水泵提供良好的进水条件，需采用进水流道。同时为了增强泵房的稳定性，将机组基础、泵房底板和进水流道三者整体浇筑在一起，在泵房下部形成一个大体积的钢筋混凝土块状结构，故称块基型泵房。

对于安装立式机组的块基型泵房自下而上分为进水流道层、水泵层、联轴器层（检修层）和电机层。主机组、辅助设备、电气设备均安装在水泵层以上，泵房高度和跨度较大，结构复杂，设备较多。

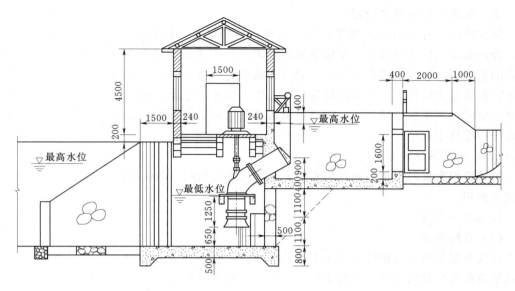

图 5-8　墩墙式湿室型泵房（单位：mm）

　　块基型泵房根据其与堤防的关系、进水流道形式、水泵结构形式、出水流道及断流方式等又可分为多种形式。堤身式块基型泵房的结构形式如图 5-9 所示。

　　块基型泵房适用于口径大于 1200mm 的大型机组。泵房重量大，抗浮、抗滑和结构整体性均好，适于各种地基。泵房直接挡水时，采用块基型泵房较好。

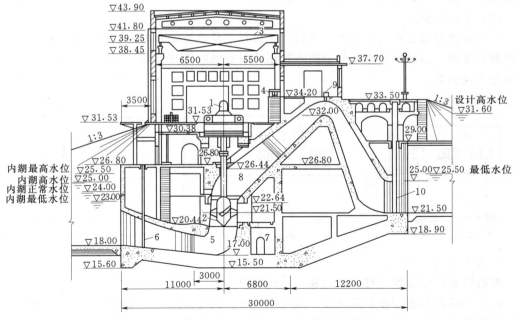

图 5-9　堤身式块基型泵房（高程单位：m；尺寸单位：mm）

1—600kW 主电动机；2—2800mm 主水泵；3—桥式吊车；4—高压开关柜；5—进水流道；
6—检修闸门；7—排水廊道；8—出水流道；9—真空破坏阀；10—备用防洪闸门

五、泵房布置及尺寸确定

泵房内部布置就是对主机组、电气设备、辅助设备、检修间、控制室等进行统筹安排，合理确定其位置和尺寸。泵房布置的要求是：①主机组的布置，在满足安装、运行、检修的前提下，尽量做到布置整齐、紧凑，减小泵房尺寸，简化泵房结构；②辅助设备的布置，在满足主机组工作和辅助设备自身工作条件下，尽量布置在泵房的空地上，充分利用泵房空间，不增加泵房尺寸；③满足泵房通风、采光和采暖的要求，并符合防潮、防火和防噪声等技术规定。

（一）卧式机组的布置

卧式机组布置时主机组起控制作用，辅助设备可利用空闲位置布置，尽量不增加泵房的建筑面积。

1．主机组布置

（1）直线布置。

直线布置是指各机组的轴线位于同一条直线上，其优点是整齐、美观，泵房跨度小；缺点是当机组台数较多时，增大了泵房长度，前池及进水池也会相应加宽。这种布置形式适合于水泵台数较少的双吸离心泵或中开式多级离心泵，如图5－10所示。

（2）双列交错布置。

当机组台数较多，或泵房长度受到限制（如在深挖方中建站以及圆筒形泵房等）时，为了缩短泵房长度减少前池和进水池宽度，可采用这种布置形式，如图5－11所示。这种布置形式的缺点是增加了泵房跨度，泵房内部不够整齐，操作管理不太方便，同时要求部分水泵轴转向，故在水泵订货时必须加以说明。

（3）平行布置。

平行布置是指各机组轴线相互平行，并垂直于泵房长度方向，如图5－12所示。这种布置形式紧凑、泵房的长度和机组间距较小，但泵房的跨度较大。适合于单级单吸离心泵和蜗壳式混流泵。

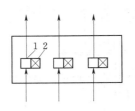

图 5－10　直线布置

1—水泵；2—电动机

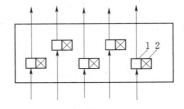

图 5－11　双列交错布置

1—水泵；2—电动机

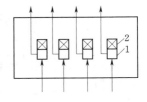

图 5－12　平行布置

1—水泵；2—电动机

2．配电设备布置

配电设备的布置形式有一端式和一侧式两种。

（1）一端式布置是在泵房进线一端建配电间，是常采用的一种布置形式。其优点是不增加泵房跨度，泵房前、后侧都可开窗，有利于通风和采光。当机组台数很多时，工作人员不便监视远离配电间的机组运行情况。因此，当机组台数较少时常采用这种布置形式，如图5－13所示。

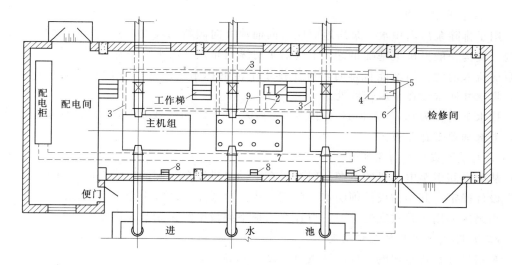

图 5-13 单层泵房布置示意图
1—真空泵；2—抽气管；3—排水沟；4—集水池；5—排水泵；
6—排水泵出水管；7—电缆沟；8—启动器；9—技术供水管

（2）一侧式布置是在泵房的一侧（进水侧或出水侧）建配电间，一般以出水侧居多，这样可不增加进水管长度。其优点是当机组台数较多时，有利于监视机组的运行。缺点是配电间一侧无法开窗，影响通风和采光。另外对于大型机组可能使泵房跨度增大，为弥补此缺点，配电间可沿跨度方向凸出一部分，放置配电设备。

配电间的尺寸取决于配电柜的数量、规格尺寸及必要的操作维修空间。配电柜分高压和低压两种，均可采用成套设备，数量由电气设计确定。配电柜有单面维护和双面维护两种。单面维护可靠墙安装；采用双面维护时，柜后要留出不小于 0.8m 的通道，以便于维修。低、高压配电柜前要留不小于 1.5m、2.0m 的操作宽度。

配电间地面应高于主泵房地面，以防积水流向配电间，其高程和交通道相同。配电间应设向外开启的小门，以方便搬运设备和事故逃生。

3. 检修间布置

检修间一般位于泵房大门一端。其平面尺寸要求能够放下泵房内最大设备或部件，并便于拆装检修和存放工具，一般不宜小于 5m。对于不设吊车的泵房，如果机组容量较小或机组间距较大时，可考虑就地检修不专设检修间。

4. 交通道路布置

泵房内的主要交通道路一般沿泵房长度方向布置，宽度不小于 1.5m，通常布置在出水侧，高于主泵房地面，采用悬臂梁板结构，道路边缘设围栏和通向各机组的工作梯。

5. 充水及供水系统布置

充水系统包括真空泵机组及抽气干支管路，真空泵一般布置在泵房机组段的两端或中间的空地上，以不影响主机组检修、不增加泵房面积和便于操作为准则。

供水系统主要是向机组提供技术用水，一般沿泵房墙壁架设。

6. 排水系统布置

用于排除泵房内积水。泵房地面应有向前池方向倾斜的坡度（约 2%），并设排水干、支沟。支沟一般沿机组基础布置，干沟沿泵房纵向布置。废水沿各支沟汇入干沟，然后穿出泵房流入前池。当不能自排时，可使排水干沟的积水汇入集水井中，然后用排水泵排走。集水井通常设在泵房较低处。

排水干沟宽为 0.2～0.3m，深度为 0.1～0.2m，纵向底坡 2% 左右，用防渗混凝土浇筑，上部加盖带孔盖板。

7. 电缆沟或电缆桥架布置

从配电间引至电动机的电缆一般布置在电动机进线盒一侧的电缆沟内。电缆沟尺寸由电气设计确定，其结构设计须防水、防潮，沟内电缆用穿线管引至电动机进线盒。

当泵房采用悬臂式交通道时，可在交通道下架设电缆桥架敷设电缆。

（二）卧式机组泵房尺寸确定

泵房尺寸是指泵房的长度、跨度（宽度）和高度。

1. 泵房长度

泵房长度主要是根据机组或机组基础的长度、机组间距和检修间长度确定。机组间距根据电动机功率确定，见表 5-1。

表 5-1　机 组 间 距

序 号	布 置 情 况	最 小 间 距
1	两机组间的间距 ①电机功率为 20～50kW ②电机功率大于 55kW	不小于 0.8m 不小于 1.2m
2	①相邻两机组突出基础部分的间距及机组突出部分与墙壁的间距 ②上述情况如电机功率大于 55kW	应保证泵轴或电动机转子检修时可以拆卸，并不小于 0.8m 同上要求，并不小于 1.2m

卧式机组平面尺寸示意图如图 5-14 所示，机组基础与墙的间距为 a，机组基础加间距 b 即为机组中心距 L_0。L_0 还应与每台水泵要求的进水池宽度和隔墩宽度之和一致。如两者不一致，可调整机组间距。

机组中心距也就是泵房的柱距，应符合建筑模数。需要指出的是，水泵进、出水管路不允许在柱下通过，否则要调整平面布置。泵房两端配电间、检修间的柱距，可与主泵房柱距相同或根据需要确定。

2. 泵房跨度

泵房跨度根据泵体在泵房宽度方向的尺寸、进水管路、出水管路和管路附件的长度，以及安装、检修和操作所需的空间，并考虑交通道宽度及吊车跨度来确定。如图 5-14 所示，计算公式为

$$B = b_1 + b_2 + b_3 + b_4 + b_5 + b_6 + b_7 \tag{5-6}$$

式中　B——泵房跨度，m；

　　　b_2——偏心渐缩管长度，m；

　　　b_3——机组在宽度方向的尺寸，m；

b_4——闸阀长度，m；

b_5——逆止阀长度，m。上述尺寸可从有关样本中查得；

b_1、b_6——拆装管路所要求的空间，一般不小于0.3m；

b_7——交通道宽度，一般不小于1.5m。

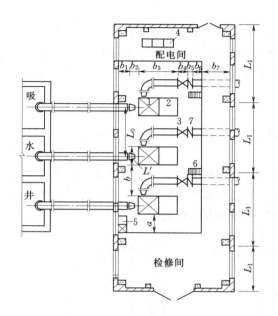

图 5-14 泵房平面尺寸示意图
1—水泵；2—电动机；3—闸阀；4—配电柜；
5—真空泵；6—踏步；7—逆止阀

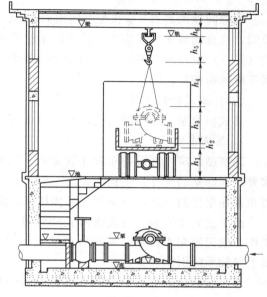

图 5-15 泵房高度确定示意图

泵房跨度应符合建筑模数。

3. 泵房高度

（1）泵房高度的确定。

泵房的高度是指从检修间地坪到屋面大梁下缘的垂直距离。对设有吊车的泵房，应考虑载重汽车驶入检修间的要求，泵房高度 H 应同时满足起吊机组最大部件和泵房墙壁开窗通风要求。如图 5-15 所示，计算公式为

$$H = h_1 + h_2 + h_3 + h_4 + h_5 + h_6 \qquad (5-7)$$

式中　H——泵房高度，m；

h_1——车厢底板距检修间地面高度，m；

h_2——垫块高度，m；

h_3——最大设备（或部件）的高度，查样本，m；

h_4——捆扎长度，m；

h_5——吊车钩至吊车轨道面的距离，m；

h_6——吊车轨道面至大梁下缘的距离，m。

小型泵房一般不专设吊车，但应考虑临时起吊设施及通风采光的要求，一般泵房的高

度不小于 4m。

（2）泵房各部分高程的确定。

应首先确定水泵安装高程▽泵，然后由安装高程▽泵减去泵轴线至水泵底座的距离，得到水泵基础顶面高程▽基础。再由水泵基础顶面高程▽基础减去 0.1～0.3m，得泵房底板高程▽底，如图 5-15 所示。

检修间地面高程▽地和配电间地面高程一致，为防洪安全及便于汽车运输设备进入检修间，检修间地面高程应高出最高洪水位及泵房外地面 0.3～0.5m。检修间地面高程加上式（5-7）中 h_1～h_5 的距离，便得到吊车轨道面的高程▽轨，由▽轨加上 h_6 便得到屋面大梁下缘的高程▽梁。

（三）立式机组布置

立式机组泵房为多层结构，相关设备需分层布置，各层之间应相互协调。

1. 泵房布置

湿室型泵房内部设备布置比较简单，机组间距和电机层空间主要取决于下层水泵的进水要求和湿室的尺寸，主机组多为一列式布置，考虑到高压进线及对外交通方便，配电间可布置在泵房的一端，或者根据具体情况，沿泵房长度方向布置。

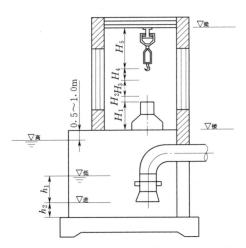

由于立式轴流泵、混流泵叶轮均淹没于水下工作，故无需充水设备，需有启动机组时润滑水泵上导轴承的引水设备。

泵房层楼板上应设吊物孔，进行设备的垂直运输，也有利于下层的通风采光。

2. 平面尺寸的确定

泵房平面尺寸的确定以下层湿室的尺寸为依据，同时应满足上层机电设备布置的要求，且两者协调一致。

3. 各部分高程的确定

泵房各部分高程，如图 5-16 所示。

（1）进水喇叭口高程▽进。

$$\triangledown_进 = \triangledown_低 - h_1 \qquad (5-8)$$

图 5-16　湿室型泵房立面尺寸图

式中　h_1——淹没深度，m。

（2）底板高程▽底。

$$\triangledown_底 = \triangledown_进 - h_2 \qquad (5-9)$$

式中　h_2——悬空高度。

（3）电机层楼板高程▽楼。

一般按最高水位加上 0.5～1.0m 的超高确定电机层楼板高程▽楼。如果电机层楼板高程▽楼低于根据水泵和电动机轴长尺寸的推算值，则应按后者确定。为了防止地面雨水进入泵房，电机层楼板应高于外部地面。

（4）屋面大梁下缘高程▽梁。

屋架或屋面大梁下缘到电机层楼板的垂直距离为泵房的高度，其高度应满足起吊最大设备或部件的要求。

$$\nabla_梁 = \nabla_楼 + H_1 + H_2 + H_3 + H_4 + H_5 \qquad (5-10)$$

式中 $\nabla_楼$——电机层楼板高程，m；

$\quad H_1$——电动机高出电动机楼板的高度，m，若考虑吊件不超过电动机顶部，则此项可不计入；

$\quad H_2$——吊件和电动机之间的安全距离，一般取 0.3~0.5m；

$\quad H_3$——吊件的最大长度，m，比较电机转子和水泵轴长，取大者；

$\quad H_4$——吊钩和吊件之间的吊索长度，m；

$\quad H_5$——吊钩和小车轨道顶部最小距离，m。

第三节 泵站出水建筑物

出水建筑物有出水池和压力水箱两种结构形式，出水池为敞开式，压力水箱为封闭式。

一、出水池

（一）出水池的作用

出水池是连接出水管路与排灌干渠的衔接建筑物。主要起消能稳流作用，把流出出水管路的水流平顺均匀地引入干渠，以免冲刷渠道。

（二）出水池的类型

1. 根据水流方向分

根据水流方向，出水池可分为正向、侧向和多向出水池。如图 5-17 所示。

2. 根据出水管路出流方式分

根据出水管路出流方式，出水池可分为淹没出流、自由出流和虹吸出流出水池三种，如图 5-18 所示。

（1）淹没出流出水池指管路出口淹没在出水池水面以下，管口有水平和倾斜两种形式。为防止正常或事故停泵时渠水倒流，通常在管路出口设拍门，也可设快速闸门或在池中修建溢流堰，如图 5-19 所示。

（2）自由出流出水池管口高于出水池水面。这种出流方式，使得水泵运行时的

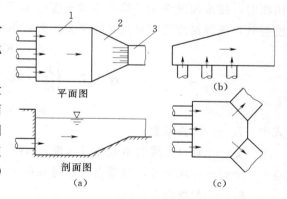

图 5-17 正向和侧向出水池示意图
(a) 正向出水池；(b) 侧向出水池；(c) 多向出水池

扬程增大，增加了能耗，减小了出水量。但由于施工安装方便，管口不需要设防倒流设施，它只用于临时性或小型泵站中。

（3）虹吸出流出水池的管口位于出水池水面以下，但虹吸管顶部位于出水池最高水位以上，它兼有淹没和自由出流出水池的优点。虹吸出流需要在管顶设真空破坏阀，在突然停泵时，真空破坏阀打开，空气进入破坏真空达到断流的目的。这种断流方式多用于大型

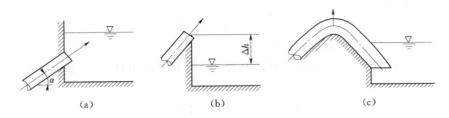

图 5-18 出水管不同出流方式

(a) 倾斜淹没出流;(b) 自由出流;(c) 虹吸出流

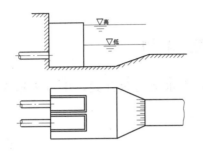

图 5-19 出水池中的溢流堰

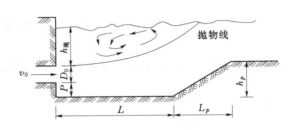

图 5-20 出水池水面漩滚

轴流泵站。

（三）正向出水池尺寸的确定

1. 出水池长度 L 的确定

出水池沿水流方向须有足够的长度,以保证管口出流均匀扩散。当出水管口水平淹没出流时,按水面漩滚法计算出水池长度,如图 5-20 所示。出水池水面上部形成的漩滚长度与管口淹没深度之间呈抛物线关系。假定出水池长度等于漩滚长度,则

$$L = Kh_{淹}^{0.5} \tag{5-11}$$

$$K = 7 - \left(\frac{h_p}{D_0} - 0.5\right)\frac{2.4}{(1+0.5)/m^2} \tag{5-12}$$

$$m = h_p/L_p \tag{5-13}$$

式中 K——试验系数;

$h_{淹}$——管口上缘的最大淹没深度,m;

m——台坎坡度,当垂直台坎时 $m=\infty$,当 $h_p=0$ 时,$m=0$;

h_p——台坎高度,m;

D_0——出水管口直径,m。

2. 其他尺寸的确定

(1) 管口下缘至池底的距离 P。

一般取 $P=0.1\sim0.3m$。

(2) 管口上缘最小淹没深度 $h_{淹最小}$。

$$h_{淹最小} = (1\sim2)\frac{v_0^2}{2g} \tag{5-14}$$

式中　v_0——出水管口流速，m/s。

（3）出水池宽度 B。

从施工及水力条件考虑，最小单管出流宽度为

$$B \geqslant (2 \sim 3)D_0 \qquad (5-15)$$

对于多管出流的出水池，其最小池宽为

$$B = (n-1)\delta + n(D_0 + 2b) \qquad (5-16)$$

式中　n——出水管路数量；

　　　δ——隔墩厚度，m；

　　D_0——出水管口直径，m；

　　　b——出水管口至隔墩或池壁的距离，$b = 1.0D_0$，m。

（4）出水池底板高程。

$$\nabla_底 = \nabla_低 - (h_{淹最小} + D_0 + P) \qquad (5-17)$$

式中　$\nabla_低$——出水池最低水位，m。

（5）出水池池顶高程。

根据池中最高水位加上安全超高 Δh 确定。即

$$\nabla_顶 = \nabla_高 + \Delta h \qquad (5-18)$$

式中　$\nabla_高$——出水池最高水位，m。

当 $Q < 1\text{m}^3/\text{s}$ 时，$\Delta h = 0.4\text{m}$；

当 $Q > 1\text{m}^3/\text{s}$ 时，$\Delta h = 0.5\text{m}$。

3. 出水池和干渠的衔接

出水池一般都比干渠宽，因此在二者之间有一收缩的过渡段，如图 5-21 所示。收缩角不宜大于 $40°$。过渡段长度可根据池宽 B 和渠底宽 b 计算

$$L_g = \frac{B - b}{2\tan\frac{\alpha}{2}} \qquad (5-19)$$

紧靠过渡段的干渠由于水流紊乱，可能被冲刷，因此该段应进行护砌，其长度为

$$L_h = (4 \sim 5)h_渠 \qquad (5-20)$$

式中　$h_渠$——干渠最大水深，m。

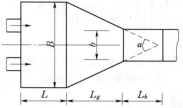

图 5-21　出水池过渡段长度

二、压力水箱

在排水泵站或排灌结合泵站中，穿堤涵洞一般埋设在外河水位以下，当外河水位变幅较大时，如采用出水池，出水池挡水墙较高，增加出水池的工程量。如用压力水箱代替出水池，可避免建较高的挡水墙，并可缩短水泵出水管路的长度。

1. 压力水箱类型

（1）按出流方向分，有正向出水如图 5-22 所示和侧向出水如图 5-23 所示两种。

（2）按几何形状分，有梯形如图 5-22 所示和长方形如图 5-23 所示两种。

（3）按水箱结构分，箱中有隔墩和无隔墩两种。

从水力条件看，正向出水压力水箱比侧向好，有隔墩的压力水箱比无隔墩的好。

有隔墩时，还可改善结构受力状况，从而减小水箱顶板和底板的厚度，减小工程量。

2. 压力水箱结构和尺寸的确定

压力水箱一般由压力水箱、压力涵洞和防洪闸等部分组成，如图 5-24 所示。

水箱可与泵房分建，也可合建。分建时水箱应设支架支撑，支架基础应筑于挖方上。合建时水箱后侧应简支于泵房后墙上，以防泵房与水箱产生不均匀沉陷。

箱壁厚度一般为 30~40cm。压力水箱尺寸取决于出水管数量（一般为 3~5 根）、管径、箱内设计流速（一般取 1.5~2.5m/s）以及工作人员进入箱内检修所需要的尺寸，水箱进口净宽 B 为

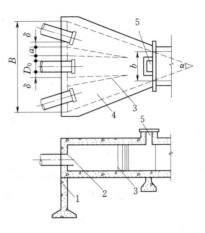

图 5-22　正向出水压力水箱
1—支架；2—出水口；3—隔墩；
4—压力水箱；5—进人孔

$$B = n(D_0 + 2\delta) + (n-1)a \qquad (5-21)$$

式中　n——出水管根数；

　　δ——出水管至隔墩或箱壁的距离，其值应满足安装和检修的要求，一般取 $\delta = 25$ ~30cm；

　　a——隔墩厚，可取 $a = 20$~30cm。

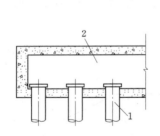

图 5-23　侧向出水压力水箱
1—出水管；2—压力水箱

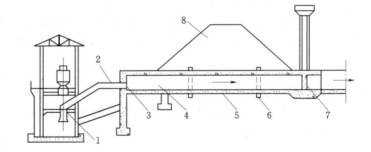

图 5-24　压力水箱
1—水泵；2—出水管；3—拍门；4—压力水箱；5—压力涵管；
6—伸缩缝；7—防洪闸；8—防洪堤

水箱出口宽度 b 与出水涵洞宽度相同。水箱的收缩角一般采用 $\alpha = 30° \sim 45°$。

为便于检修，水箱顶部设进人孔，进人孔一般为 60~100cm 的正方形。盖板由钢板制成，并用螺母固定在埋设于箱壁的螺栓上，盖板和箱壁之间有 2~3mm 厚的橡皮止水。

思 考 题 与 习 题

1. 进水池的作用是什么？

2. 如何确定正向前池的形状、尺寸？

3. 固定式泵房有哪几种基本形式？试比较各种泵房的特点及适用条件。

4. 主机组布置方式有哪些？它们各有什么优缺点？适用条件是什么？

5. 卧式机组泵房的平面尺寸如何确定？

6. 立式机组泵房，水泵层地板高程、电动机层地板高程以及吊车梁上轨顶高程分别根据什么确定？

7. 淹没水平出流正向出水池的尺寸如何确定？

8. 压力水箱由哪几部分组成？压力水箱的适用场合是什么？

9. 某灌溉泵站，根据灌水要求，设计流量为 $2.85m^3/s$，由水文资料分析得知，进水池的设计水位为 23.97m，最高水位为 24.86m，最低水位为 23.09m。选用 20Sh—13 型水泵 5 台。引水渠道底宽为 4m，边坡系数 $m=1.25$，当通过设计流量时，水深为 1.08m。初步拟定水泵吸水管直径为 600mm，管进口为喇叭口，喇叭口进口直径为吸水管直径的 1.3 倍。由机组及进水管路布置确定进水池宽度为 20m，采用正向进水。

试根据以上资料，确定该泵站前池和进水池的各部分尺寸；绘制平面图和剖面图。

10. 已知某灌溉泵站的设计流量为 $5.74m^3/s$，出水池设计水位为 41.75m，最低水位为 41.32m，最高水位为 42.08m。选用 6 台水泵，三根出水管，管径为 1000mm，出口不扩散。根据灌溉渠道设计，干渠底宽为 4m，边坡系数 $m=1.5$，纵坡为 1/5000，进口底高程为 40.3m。当通过设计流量时，渠中水深为 1.45m。

试根据以上资料，确定该泵站正向出水时出水池各部分尺寸。

要求：

（1）确定出水池长度、宽度及其他各部分尺寸。

（2）作出出水池与干渠连接段的设计。

（3）绘出出水池的平面及纵剖面图。

第六章 泵站辅助设备

泵站中除主要设备外，为了保证主机组安全、经济运行和安装检修的其他设备称为泵站辅助设备，包括充水、供排水、供油、压缩空气、通风、起重等设备。

第一节 充 水 设 备

当水泵的安装高程高于进水池水位时，在启动水泵前吸水管路和水泵内必须充满水。水泵充水的方法较多，根据吸水管路进口是否有底阀，可分为人工充水和真空泵充水等；进水管路进口安装底阀的小型水泵装置，一般用人工充水；不带底阀时，采用真空泵或真空水箱充水。

一、人工充水

人工充水是从水泵顶部的灌水孔将水灌入水泵和进水管路。进水管路进口的底阀是单向阀，充水时关闭，防止漏水，水泵运行时底阀被水流冲开，停机时在阀板自重及倒流水的作用下自动关闭。底阀具有设备简单、价格低廉等优点，但其局部水头损失大，易出现故障，且底阀在水下维修困难。故这种充水方式适用于进水管路直径小于 200mm 及临时性的抽水场合。

二、真空水箱充水

真空水箱充水装置如图 6-1 所示，水泵从水箱中吸水，使水箱中产生一定的真空值，在此真空值的作用下，水从进水池经水箱进水管路进入水箱。用真空水箱充水时，首先打开闸阀 3、4、5，从灌水漏斗 6 向真空水箱 2 中灌水至水箱进水管下缘齐平后，关闭闸阀 3 和 4，即可启动水泵。水泵启动后，打开闸阀 3，水箱中水位下降，上部形成一定的真空值，进水

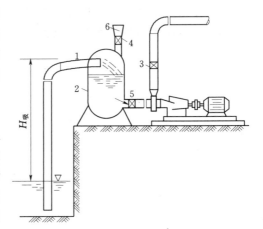

图 6-1 真空水箱充水装置
1—水箱进水管路；2—真空水箱；
3、4、5—闸阀；6—灌水漏斗

池中的水沿水箱进水管路不断进入水箱，形成连续的进水过程。

水箱容积 V_w 的计算公式为

$$V_w = V_1 K_1 K_V \tag{6-1}$$

$$K_1 = \frac{10}{10 - H_{吸}} \tag{6-2}$$

式中　　V_w——水箱的容积，m^3；

　　　　V_1——水箱进水管路在进水池最低水位以上的容积，m^3；

　　　　K_V——容积系数，随设备及安装条件而定，一般取1.3左右；

　　　　K_1——吸程变化系数；

　　　　$H_{吸}$——进水池最低水位至水箱进水管路出口上缘的垂直距离，m。

　　水箱为圆筒形，其高度一般为直径的两倍。水箱用厚度不小于3mm的钢板制作。水箱应靠近水泵，底部略低于水泵轴线，以减少水泵吸水管路的长度，并增加水箱的有效容积。真空水箱充水的优点是水泵经常处于充水状态，可随时启动，水箱制作简单，投资少。口径小于200mm的小型水泵均可采用。

三、真空泵充水

　　大、中型水泵多采用真空泵抽气充水，其优点是水泵启动快，工作平稳可靠，操作简单，维修方便，易于实现自动化；缺点是效率低，一般只有30%～50%。

　　1. 水环式真空泵的工作原理

　　如图6-2所示，水环式真空泵的星形叶轮偏心安装于圆柱形泵壳内，启动前向泵内灌注一定量的水。叶轮旋转时由于离心力的作用将水甩向泵壳周围，形成和转轴同心的水环，水环上部的内表面与轮毂相切，水环下部的内表面则与叶轮毂之间形成了气室，气室的容积在右半部递增，在左半部递减。当叶轮顺时针方向旋转时，在前半圈随着轮毂与水环间容积的增加而形成真空，因此空气通过抽气管及真空泵泵壳端盖上月牙形的进气口被吸入真空泵内；在左半圈中，随着轮毂与水环间容积的减小空气被压缩，经过泵壳端盖上另一个月牙形排气口排出。叶轮不停地旋转，真空泵就不断地吸气和排气，将水泵和进水管路中的空气抽走。

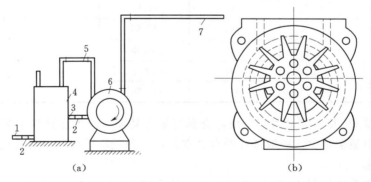

图6-2　水环式真空泵抽气装置及抽气原理示意图

(a) 真空泵抽气装置；(b) 真空泵工作原理

1—放水管；2—阀门；3—循环水管；4—气水分离箱；

5—排气管；6—水环式真空泵；7—进气管

　　2. 水环式真空泵的性能

　　泵站中常用的水环式真空泵有SZB、SZ和S型三种，SZB型真空泵的性能曲线和性能表分别如图6-3和表6-1所示。

　　3. 水环式真空泵的选择

　　选择真空泵的依据是所需要的抽气量和所需最大真空值。抽气量与形成真空所要求的

时间和水泵、吸水管路内空气的体积有关，真空泵抽气量的计算公式为

$$Q_{气} = K \frac{VH_a}{T(H_a - H_{吸})} \quad (6-3)$$

式中　$Q_{气}$——真空泵抽气量，m^3/min；

　　　　V——出水管路闸阀（卧式轴流泵为拍门）至进水池水面之间的管路和泵壳内空气的总体积，m^3；

　　　　T——抽气时间，一般为 $3\sim5min$；

　　　　H_a——当地大气压力的水柱高度，m；

　　　　$H_{吸}$——进水池最低水位至泵壳顶部的高度，m；

　　　　K——漏气系数，一般取 $1.05\sim1.10$。

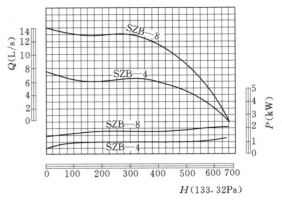

图 6-3　SZB 型真空泵性能曲线

表 6-1　　　　　　　　　　SZB 型真空泵性能参数表

型号	最大抽气量（m³/min）	抽气量（m³/min）	极限真空值（kPa）	转速（r/min）	电动机功率（kW）
SZB—4	0.4	0.32	58.66	1420	2.2
		0.23	69.33		
		0.11	80		
		0	86.66		
SZB—8	0.8	0.62	58.66	1420	3
		0.47	69.33		
		0.32	80		
		0	86.66		

　　根据抽气量 $Q_{气}$ 和所需最大真空值，查真空泵产品样本便可选择真空泵。为了保证工作可靠，大、中型泵站中，一般选择两台真空泵，一台正常运行，一台备用。

　　4. 真空泵抽气系统

　　真空泵抽气系统如图 6-2（a）所示。连接真空泵与水泵的干管，根据水泵的大小，一般为 $25\sim50mm$。抽真空管路的布置以不影响主机组的安装、检修及运行管理为原则。

第二节　供 排 水 设 备

一、供水设备

（一）供水对象

　　泵站供水包括技术供水、消防供水和生活供水。技术供水是供给主机组及辅助设备的冷却和润滑用水。泵站需要用水冷却的设备及部件有电动机推力轴承和上下导轴承，水冷

式空气压缩机，水环式真空泵等；需要用水润滑的设备及部件主要有水泵导轴承和水泵轴封装置。技术供水由水源、供水泵、管路和控制元件等组成。大、中型泵站的技术供水，约占总供水量的85%，而消防用水及生活用水占总供水量的15%左右。

（二）供水量的确定

1. 电动机冷却用水量

同步电动机运行时推力轴承及上下导轴承发生机械摩擦产生热量，引起轴承及油槽内润滑油温度升高，这些热量如不及时排走，将影响轴承的使用寿命及安全运行，并加速润滑油油质的劣变。

散热降温通常在油槽内安装一组由铜合金管制成的油冷却器，冷却水从一端进入冷却器，吸收润滑油（一般为透平油）的部分热量，降低轴承及润滑油的温度，由另一端排出，将热量带走。

国产大型电动机冷却用水量可参考的数值见表6-2。

表6-2　　　　大型电动机冷却用水量（m³/h）

电动机型号	上轴承油槽冷却水	下轴承油槽冷却用水	空气冷却器冷却用水
TL800—24/2150	10		无
TL1600—40/3250	17		无
TDL325/56—40	17		无
TL3000—40/3250	15.5	1	无
TDL535/60—56	15	1.3	100
TDL550/45—60	7	0.5	200
TL7000—80/7400	2.5	40	184

2. 主水泵润滑用水量

目前大、中型水泵轴承结构有两种类型，一种是橡胶轴承，用水润滑。另一种是合金轴承，用油润滑。对后者除向油盆内的油冷却器供应冷却用水外，还需向防水密封装置供应润滑用水。例如江都一站、二站的主水泵导轴承为橡胶轴承，而三站、四站为油导轴承。

（1）橡胶导轴承的润滑用水量

橡胶导轴承的润滑水通过水管引入轴承上端，流经轴瓦与轴颈之间形成水膜，减少轴与轴瓦之间的摩擦力，最后由下端流出。轴流泵的橡胶导轴承位于流道内部，当水泵抽水时，轴承浸没在水中，橡胶导轴承不需要另外供水润滑。当水中含沙量较大时将造成主轴磨损严重，这时需采用外部供水对橡胶导轴承进行润滑。

（2）水泵导轴承密封润滑用水量

当水泵导轴承采用油润滑时，为了防止泵体内的水进入油轴承内，需有密封装置。目前采用较多的是平面密封装置。在调相运行时，泵体中无水，所以要提供密封润滑水。江苏皂河泵站7000kW机组各项用水量见表6-3。

国产大型轴流泵润滑用水量见表6-4。

表 6-3　　　　　　　　　　　7000kW 机组各项用水量

设备名称	用水量（m³/h）	设备名称	用水量（m³/h）
上导冷却水	5	水导油轴承冷却水	30
空气冷却水	190	水泵导轴承密封的润滑水	1.5
下导冷却水	45	合　计	271.5

表 6-4　　　　　　　　　　　大型轴流泵润滑用水量

水泵型号	64ZLB—50、l6CJ80	28CJ56	ZL30—7	28CJ90	40CJ95	45CJ70
填料密封及水泵导轴承或轴承密封润滑用水（m³/h）	1.8			7.2	3.6	

3. 辅助设备及消防用水量

（1）辅助设备用水量

空气压缩机的气缸需要冷却水降温。水环式真空泵工作时，真空泵内循环水会发热，需不断地供给冷水，并补充泵内消耗的水。这两种辅助设备的耗水量，可直接从产品样本中查出。

（2）消防用水量

泵房外消防用水量对于消防等级为一级、二级的泵站，当泵房容积在 5000m³ 以下时为 10L/s；当泵房容积在 5000~50000m³ 时为 15L/s。泵房内消防用水量，按采用两股水柱，每股水量不小于 2.5L/s 计算。油室消防喷雾用水量较少，因此按同一时间只有一处发生火灾考虑。最大的消防用水量为泵房外与泵房内消防用水量之和。泵站内生活用水主要是供应运行检修和清洁卫生用，其用水量很少，可忽略不计。

（三）供水泵流量和扬程的计算

1. 供水泵流量

泵站总用水量为冷却润滑用水量和辅助设备及消防用水量之和。

供水泵单泵流量的计算公式为

$$q_w = \frac{q_1 z_1 + q_2 + q_3}{z} \tag{6-4}$$

式中　q_w——供水泵单泵流量，m^3/h；

　　　q_1——一台主机组冷却润滑用水量，m^3/h；

　　　q_2——同时工作的辅助设备冷却用水量，m^3/h；

　　　q_3——泵房内与泵房外一次灭火用水量，m^3/h；

　　　z——工作供水泵台数；

　　　z_1——主机组台数。

2. 供水泵扬程

供水泵最大扬程应能同时满足冷却润滑水和消防水压的要求，其具体数值根据管路布置通过水力计算确定。润滑水在水泵导轴承进口处的水压为 0.1~0.2MPa，冷却器进口处最高水压不超过 0.2MPa，进口处最小水压，应能克服通过冷却器和排水管路的水头损失。

冷却器水头损失的计算公式为

$$h_c = n\left(\lambda \frac{l_0}{d} + \zeta\right)\frac{v^2}{2g} \tag{6-5}$$

式中　h_c——冷却器的水头损失，m；

　　　　n——冷却器内水路回数；

　　　　l_0——每根水管的管长，m；

　　　　d——管径，m；

　　　　λ——管路沿程阻力系数，$\lambda = 0.031$；

　　　　ζ——局部阻力系数；

　　　　v——流速，$v = \dfrac{q_c}{FZ}$，通常 $v = 1.0 \sim 1.5\text{m/s}$；

　　　　q_c——通过冷却器的流量，m^3/s；

　　　　F——每根水管的断面积，m^2；

　　　　Z——冷却器内每回水路水管根数。

室内消火栓充实水柱长度不应小于 7m，应能达到室内任何部位，栓口离地面高度为 1.2m。

消防水带水头损失计算公式为

$$h_p = Aq^2L \tag{6-6}$$

式中　h_p——消防水带水头损失，m；

　　　　A——消防水带比阻，直径 50mm 时 $A = 0.015$，直径 65mm 时 $A = 0.00385$；

　　　　q——流量，L/s；

　　　　L——水带长度，m。

水枪处充实水柱计算公式为

$$H_K = \alpha \frac{q^2}{\beta + q^2\varphi} \tag{6-7}$$

式中　H_K——水枪处充实水柱，m；

　　　　β——系数，见表 6-5；

　　　　φ——系数，见表 6-6，表中 $\varphi = \dfrac{0.00025}{d + 1000d^3}$；

　　　　d——水枪直径，mm；

　　　　α——系数，见表 6-7。

表 6-5　　　　　　　　　　　　　　　　系 数 β 值

水枪直径（mm）	13	16	19	22
β	0.3456	0.7934	1.577	2.836

表 6-6　　　　　　　　　　　　　　　　系 数 φ 值

水枪直径（mm）	13	16	19	22
φ	0.0165	0.0124	0.0097	0.0077

表 6-7 系 数 α 值

H_K	6	8	10	12	14	16	18	20	22	24	26
α	0.84	0.84	0.833	0.827	0.819	0.807	0.788	0.757	0.725	0.690	0.645

水枪入口所需供水压力计算公式为

$$H_e = \frac{q^2}{\beta} \qquad (6-8)$$

式中 H_e——水枪入口所需的供水压力，m。

消防栓出口处所需水压为消防水带的水头损失 h_p 与水枪入口水压 H_e 之和。供水管路的水头损失可按水力学方法进行计算。

（四）供水水泵的选择

根据泵站技术供水的流量和扬程选择供水水泵的型号和台数，并应选择 1～2 台备用机组。

在技术供水中常用卧式离心泵作为供水泵，其优点是结构简单，造价低，运行可靠，维护方便。当吸水高度不能满足水泵吸水要求时，常采用潜水电泵供水，其优点是占地面积小，节省空间，管路短，运行管理方便，启动前不需充水设备，自动化程度高。

（五）供水系统的选择和布置

供水系统包括供水管路、滤网、滤水器及闸阀等。

1. 供水管路及阀件的选择

供水管路可选择钢管，采用法兰或焊接连接。水泵吸水管路流速一般为 1.0m/s 左右；压水管路流速一般为 1.5～2.5m/s。大型泵站的供水干管一般选用 DN150～DN200 的钢管，支管选用 DN50 的钢管。阀件的选择必须符合管路系统的工作压力、管径及控制等要求。

2. 滤网的选择

当以进水池中的水作为供水水源时，在供水系统的进水管口应设滤网，水流通过滤网的流速一般控制在 0.25～0.5m/s。

3. 滤水器的选择

滤水器的选择取决于水源所含悬浮物的情况，滤水器有固定式和转动式两种。滤水器的孔网尺寸一般采用 1mm×1mm～2mm×2mm 的防锈或不锈钢滤网，或采用孔径为 2～6mm 的钻孔钢板。水流通过滤网的流速控制在 0.1～0.25m/s。

4. 供水系统的布置

供水水源多取自于进水池，这时供水水泵一般布置在水泵层，在进水管路进口设滤网，并安装于最低工作水位以下 1m 左右。

供水干管布置在联轴器层。管路尽量采用直线布置以减小水头损失和避免管路内积水，供水管路应远离电气设备和电缆线。管路用支架固定在墙壁上，管壁与墙壁之间的距离不小于 0.3m，以便于焊接。当直管长达 40～50m 时，或管路跨越泵房的沉陷缝时，应设伸缩节。为检验管路安装质量，应以 1.25 倍的工作压力进行 5min 耐压试验。

大型同步电动机上、下油槽位置较高，冷却器循环水一般直接排入进水池或直接排向出水池。如图 6-4 所示为装有 10 台 28CJS6 型水泵机组的某泵站供水系统图，该泵站主机组油水系统图如图 6-5 所示。

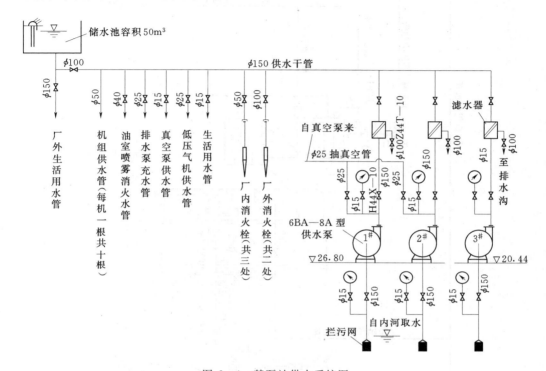

图 6-4 某泵站供水系统图

（六）技术供水对水温和水质的要求

技术供水水温一般按夏季经常出现的最高水温考虑。根据我国的具体情况，机组制造厂一般要求进水温度 25℃，冷却水温不超过 28℃。一般要求冷却器进、出水温差不低于 4℃。

技术供水水质必须清洁，一般要求水中悬浮物常年不超过 800mg/L，汛期不超过 8000mg/L，泥沙最大平均粒径应小于 0.1mm；为避免形成水垢，冷却水暂时硬度应不大于 8°；为防止管路与用水设备腐蚀，要求 pH 值为中性，不含游离酸，不含硫化氢等有害物质。对润滑水质要求水中悬浮物常年不超过 100mg/L，汛期不超过 200mg/L，泥沙粒径应小于 0.01mm，水的暂时硬度不大于 6°。当水质不满足要求时，必须进行处理。

二、排水设备

泵站排水的目的是保证机组的正常运行，保证泵房内部无积水，保证机组水下部分的检修，避免泵房潮湿而使设备锈蚀。

（一）排水对象

按照不同的排水特征，排水对象分为下列三类。

1. 生产用水的排水

生产用水的排水量较大，排水对象位置较高，通常能自流排出，具体排水对象为：

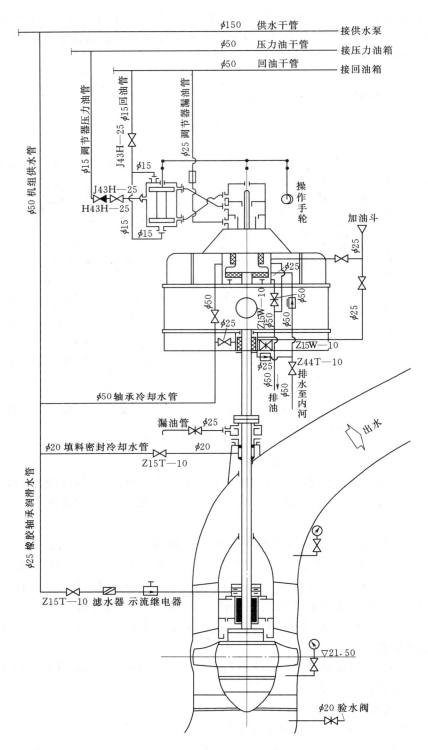

图 6-5 某泵站主机组油水系统图

①大型同步电动机空气冷却器及导轴承油冷却器的冷却水；②稀油润滑的主泵导轴承油冷却器的冷却水；③采用橡胶轴承的主泵导轴承的润滑水；④水环式真空泵和水冷式空气压缩机用水等。

2. 渗漏排水和清扫回水

此类排水量不大，排水对象位置较低不能自流排出，具体排水对象为：①泵房水下土建部分渗漏水；②主泵油轴承密封漏水；③主泵填料漏水；④滤水器冲洗污水，气水分离器及储气罐废水；⑤其他设备及管路法兰漏水。

根据上述排水特征，应采用集水井或排水廊道将水汇集起来，然后用排水泵排出。

3. 检修和调相排水

此类排水量很大，高程最低，而且要求在很短的时间内排出，具体排水对象为：①在检修和调相运行时，进水流道和泵室内的水；②闸门漏水。

（二）排水方式

检修、调相排水与泵房渗漏排水，常作为一个排水系统，使用共同的集水廊道和排水设备，如图 6 - 6 所示为装有 10 台 28CJS6 型机组的某泵站排水系统。

泵房渗漏水量一般不大，如伸缩缝处理得不好，水下混凝土浇筑质量差，一期、二期混凝土接合不良，泵房地基不均匀沉降等均可导致渗漏水量增大。对于检修和渗漏排水共用同一排水设备的泵站，由于渗漏水量所占比重较小，常忽略不计，只按检修或调相要求选择排水设备。

集水廊道布置在泵房内最低处，平时容纳泵房渗漏水及生产污水，利用排水泵排出；检修或调相时容纳流道积水，再通过排水泵排出。集水廊道必须有足够的容积，使流道内积水在较短时间内流入，并形成较大的水压，压紧检修闸门减少渗漏量。集水廊道最高水位应低于水泵层 0.5～1.0m；同时应等于流道内调相最高水位减去闸门漏水量通过进水流道排水管的水头损失。正常工作水位通常取最高水位以下 0.2m。正常工作水位与最低工作水位之间的容积，应大于或等于一台调相机组流道内从进水水位至调相最高工作水位之间的容积，同时应满足排出渗漏水时，排水泵连续运行 20min 所需要的容积。集水廊道最低水位为流道内检修工作水位减去闸门漏水量通过进水流道排水管的水头损失，并照顾到清污的要求。一般在排水泵吸入口下方设有集水坑，集水坑比廊道底板低 0.5～1.0m。集水廊道排水，可采用自动控制，当水位达到正常工作水位时，发出信号启动排水泵排水。水位升至最高水位时，启动备用水泵排水，水位下降至最低工作水位时停止排水。水位计或液位信号器应布置在套管内，套管伸入最低水位以下 0.3～0.5m。机组检修时，如同时要求检查流道底部结构，流道内积水应排空，如无此要求，可将流道内水深控制在 0.3～0.5m，以便能检查流道弯肘部分及流道排水管进口拦污网或清除污物等。

机组调相时的最高水位，应低于转轮下缘 0.5 倍转轮直径，调相正常工作水位等于集水廊道正常工作水位加上闸门漏水量通过进水流道排水管的水头损失。

（三）排水量和排水扬程的计算

1. 排水流量的计算

根据以上分析，在调相运行时排水量最大，因此应以调相运行时的排水量作为排水系统的流量。冷却润滑水如排入进水流道，在计算排水量时应计入冷却润滑水量。

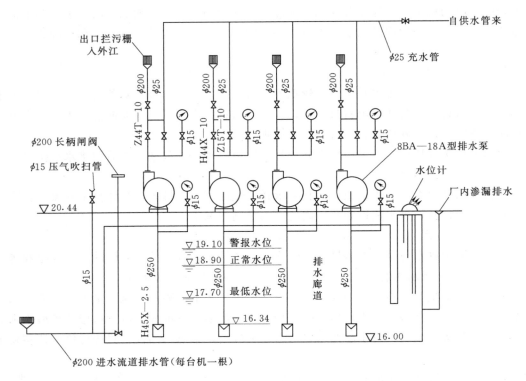

图 6-6　某泵站排水系统图

调相运行时，泵站最大排水量计算公式为

$$Q_{排max} = Kn_1(q_1 + q_2) \qquad (6-9)$$

式中　$Q_{排max}$——泵站最大排水量，m^3/h；

　　　　K——其他水量渗漏系数，一般取 1.2～1.4；

　　　　n_1——调相运行时的主机台数；

　　　　q_1——每台水泵流道进口检修闸门的漏水量，m^3/h；

　　　　q_2——每台机组冷却润滑水量，m^3/h。

流道进口检修闸门的漏水量计算公式为

$$q_1 = qL \qquad (6-10)$$

式中　q——每米橡胶止水的漏水量，与止水形式和材料有关，一般为 0.5～2.5 L/（s·m）；

　　　　L——闸门橡胶止水的长度，m。

需要指出的是，影响排水量的因素很多，要准确地计算排水量很困难，因此除按上述方法初步计算外，一般还要参照类似的泵站予以确定。

2. 排水扬程的计算

排水泵扬程的计算公式为

$$H = \nabla_出 - \nabla_排 + \sum h \qquad (6-11)$$

式中　H——排水泵的扬程，m；

▽_出——排水泵压水管出口的最高水位，m；

$\nabla_{出}$——排水泵压水管出口的最高水位，m；

$\nabla_{排}$——排水廊道的最低水位，m；

$\sum h$——管路的水头损失，m。

（四）排水泵的选择和布置

1. 排水泵的选择

根据排水流量和排水扬程选择排水泵。大、中型泵站中，排水泵一般选 2～3 台，其排水能力应大于泵房渗漏水量。在工程实践中常以 24h 的渗水量在 1～2h 内排出作为选泵的依据。在调相运行时可选一台较大的排水泵，同时备用一台。

近年来，有些泵站选择射流泵作为排水泵。射流泵的工作水流可由供水泵的备用泵供给。射流泵具有结构简单、尺寸小、重量轻、价格低、运行维护方便、适宜排污水等特点。在泵房的最底层可不安装电气设备，可改善电气设备及运行管理人员的工作条件。

2. 排水设施的布置

通常将排水泵布置在排水廊道顶部，排水泵的吸水管路穿过廊道顶板，伸入排水廊道吸水井，吸水井低于排水廊道底板 50cm 左右，如图 6-7 所示。

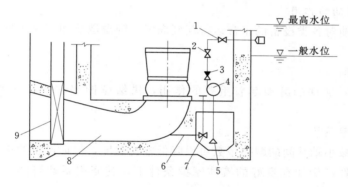

图 6-7　排水系统布置图

1—检修闸阀；2—排水泵出水管闸阀；3—逆止阀；4—排水泵；5—底阀；
6—排空管；7—长柄阀；8—进水流道；9—检修闸门

为在检修及调相运行时能排出进水流道及泵体内积水，每台机组的进水流道都应埋设一根排空管，并在排空管上靠近排水廊道内的一端安装长柄闸阀。

如图 6-7 所示是某大型泵站的排水系统布置图。积水可排向泵站的进水池，也可排向出水池。排水廊道内水的杂质较多，排水泵进水管路进口应设滤网。排水泵出水管出口应略高于一般水位，低于最高水位，这样便于检修，也不会增加很大扬程。排水泵出水管出口应设滤网，防止在非运行时进入杂物。压水管路上应设闸阀和逆止阀，在检修排水泵时关闭闸阀，逆止阀防止站外水通过管路倒灌入排水廊道。

第三节　供　油　设　备

大型泵站的用油设备很多，所用油类品种不一、数量不同、作用各异，根据用油设备的要求和所用油类的性质，要做到合理使用、及时维护，以保证设备的正常持续运行。

一、泵站用油的种类及作用

（一）泵站用油的种类

泵站机电设备运行中，由于设备的特性、要求和工作条件的不同，需要使用润滑油和绝缘油。

1. 润滑油

泵站润滑油分为四类：①供主机组轴承润滑和叶片调节操作用的透平油，有 HU—20、HU—30、HU—46 三种；②供小型水泵电动机轴承、起重机等润滑用的润滑油，有 HJ—10、HJ—20 和 HJ—30 三种；③供空气压缩机润滑用的压缩机油，有 HS—13 和 HS—19 两种；④供滚动轴承润滑用的润滑脂（黄油）。

2. 绝缘油

泵站绝缘油分为三类：①供变压器的电流、电压互感器用的变压器油，有 DB—10、DB—25 两种，符号后的数值表示油的凝点℃（负值）；②供开关用的开关油，有 DU—45，符号后的数值表示油的凝点℃（负值）；③供电缆用的电缆油，有 DL—38、DL—66 和 DL—110 三种，符号后的数值表示以千伏计的电压。

（二）泵站用油的作用

在泵站中，油对各类设备的正常运行起到润滑、降温散热和传递能量的作用。

1. 润滑

（1）减少磨损

润滑对减少零部件的磨损起着重要的作用，供给摩擦部件洁净的润滑油可以防止磨损。

（2）减小摩擦系数

机组运行时减小轴承间的摩擦系数可以降低轴瓦温度，保证设备的正常运行和减少磨损功率，降低能耗。例如在良好的液体摩擦条件下，其摩擦系数可降低到 0.001，甚至更低。

2. 降温散热

润滑油能降低摩擦系数，减少摩擦产生的热量。机械设备运行时克服摩擦阻力所做的功，全部转变成为热量。热量的一部分由机体向外扩散，其余部分则不断使机械温度升高。润滑油将热量传出，然后加以发散，使机械控制在所要求的温度范围内运行。例如小型机组用甩油环将油槽中冷油甩到轴承上起润滑和散热作用。大型机组因散热量大，油温上升快，要在油槽中安放冷却器，通过油和冷却水之间的热量交换把热量散发出去。

3. 传递能量

油作为传递能量的工作液体，有传递功率大和平稳可靠的优点。大型泵站有许多设备通过液压操作，如水泵的叶片角度调整机构、快速闸门的启闭机、主机组的液压减载轴承和管路上的液压闸阀等。

二、油压装置及油压系统

大型泵站中，油压装置供给水泵叶片调节机构压力油。油压装置包括集油箱、压力油箱、电动油泵、逆止阀、放油阀、安全阀、压力继电器、过滤器、油管及附件等。

油压设备工作原理如图 6-8 所示，集油箱 21 内的油经吸油管 8 被螺杆油泵 13 吸入，螺杆油泵由电动机 15 驱动，油被螺杆油泵压入压力油箱 2 内，当叶片调节机构工作时，油从压力油箱流入叶片调节机构的活塞腔，工作后排入集油箱 21 内，完成一个循环油路系统。压力油箱内的油压靠压力油箱内储有 2/3 数量的压缩空气产生，为了使油压能自动控制，在压力油箱上装有 4 个压力信号器。当压力降低到正常压力的下限，由第一压力信号器发出脉冲信号，工作油泵启动，向压力油箱送油，使油压恢复到正常压力。当压力上升到正常压力上限时，第二个信号器发出信号，工作油泵停机。当油箱压力降低到低于正常压力下限时，第三个信号器动作，备用油泵启动，向压力油箱送油。如果压力继续下降到最低允许值时，由第四个信号器发出脉冲信号，通知值班人员处理或事故停机。空气阀 7 与压缩空气管路相连，定期进行充气，同时也可用来放气。还有的用空气阀与电动机刹车相连接，利用压力油箱内的压缩空气进行刹车，球阀 6 用来关闭压力油箱内的压缩空气。油位指示器 17 测量集油箱内的油位，到最低油位时发出信号。螺塞 19 堵塞取化验油的螺孔。球阀 20、22 为进油、放油阀。

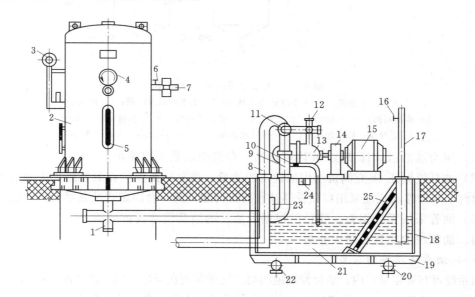

图 6-8　油压设备工作原理图

1—三通管；2—压力油箱；3—压力信号器；4—压力表；5—油面表；6—球阀；7—空气阀；
8—吸油管；9—球阀；10—三通管；11—球阀；12—安全阀；13—螺杆油泵；14—弹性联轴器；
15—电动机；16—限位开关；17—油位指示器；18—电阻温度计；19—螺塞；20—球阀；
21—集油箱；22—球阀；23—漏油管；24—安全阀；25—油过滤器

三、油系统设备的选择

油系统包括油桶、油泵、滤油机及管路系统等。

根据大型泵站的运行特点，大型同步电动机及水泵的轴承润滑油一次加足后，如油质满足要求，不需要更换，因此大型泵站的油系统比较简单。油系统一般只接受新油和保存一定数量的储备油。

如图 6-9 所示为大型泵站油处理系统图。注一次油可以使用很长时间，故不设进油母管。污油桶收集的污油由移动式滤油机过滤净化。两只透平油桶集中储放在透平油室内，一只储存备用清油，其容积为一台机组全部用油量的110%；另一只储备回收的污油，以便进行过滤。移动式滤油机、移动式齿轮油泵及移动式油箱的作用是向用油设备换油、滤油及补油。

透平油系统的设备应满足以下技术要求。

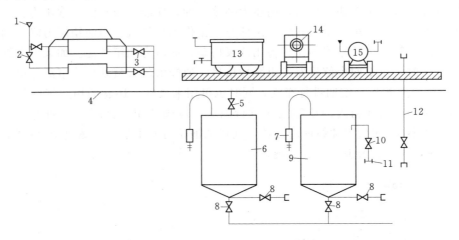

图6-9　大型泵站油处理系统图

1—上下游缸注油器；2—上下游缸进油闸阀；3—上下游缸排油阀；4—排油母管；
5—排油闸阀；6—污油桶；7—吸潮剂；8—事故排油阀；9—滤油桶；10—加油阀；
11—活接头；12—加油管；13—移动式油箱；14—压力滤油机；15—齿轮油泵

（1）压力滤油机应保证在8h内可清洁一台机组的最大用油量。

（2）油泵应保证4h充满机组用油设备的油量，油泵的扬程应克服管路损失及高差。一般设两台，一台移动式油泵用以接受新油和排出污油；另一台固定式油泵供设备充油时用。

（3）油管采用无缝钢管，管径可根据受油、清油及供油设备确定。

四、油系统的布置及防火要求

（一）油系统设备的布置

油系统可布置在泵房内，如检修场地的第二层或布置在泵房一端。建筑面积可按油箱数量和尺寸确定，其高程应满足检修用油设备时自流排油。干管沿泵房长度敷设，与水气管路布置在同一侧。通过支管引至各台机组的用油设备，为便于管路安装，油箱应布置成一列式。

油处理室一般布置在水泵层的一端。

（二）防火要求

（1）防火距离。当油箱设在封闭室内时，其要求见表6-8，当油箱容量在5m³以下时，如果有空地检修可紧靠墙壁。

（2）当油库放在室内时，其墙、地板和天花板必须是耐火材料，与其他房间隔绝，门面包铁皮，且要有向外开启的安全门。

（3）要有良好的通风系统。对油处理室每小时换气不少于5次，油化验室3次。

（4）当油箱放在室内时，1m³以上容量的油箱应有事故排油阀，而且阀门在相邻的室内操作；当容量大于10m³时，必须在远距离操作事故排油阀。

（5）要有良好的消防设备。

（6）油箱要设防爆、淋水、降温措施。

（7）油库和油处理室禁止设置发生火花的电气、机械和采暖通风等设备。

表 6-8　　　　　　　　　　　油　箱　防　火　距　离

编号　名称	油箱容积（m³）	油箱间距（m）	与墙壁间距（m）
1	5～15	≥0.5	≥0.75
2	>15	≥1.2	≥1.0

第四节　压缩空气设备

一、压缩空气系统

空气具有极好的弹性，且由于压缩空气使用方便，易于储存和输送，利用它作为介质传递能量已在泵站中得到广泛的应用。

泵站压缩空气系统可分为高压和低压两类。高压系统主要为油压装置的压力油罐补气，以保证叶片调节机构所需要的工作压力。高压空气系统的压力一般为 2.5MPa 或 4.0MPa，与油压装置的额定油压相同。

低压空气系统的供气对象为：①当水泵机组停机时，供气系统供气进行机组制动；②虹吸式出水流道停机断流时，供气给真空破坏阀，顶起气缸活塞，使阀盘打开；③向转轮止水空气围带供气；④供给泵站内风动工具及吹扫设备用气。低压空气系统的压力一般为 0.8～1.0 MPa。

高、低压空气系统常组成一个综合供气系统，使运用更为灵活可靠。

（一）空气压缩机

空气压缩机将动力机的机械能转换成气体压能。空气压缩机按工作原理可分为容积型压缩机和速度型压缩机。容积型压缩机的工作原理是压缩气体的体积，使单位体积内气体分子的密度增加以提高压缩空气的压力；速度型压缩机的工作原理是提高气体分子的运动速度，使气体分子的动能转化为压能，从而提高压缩空气的压力。

空气压缩机按结构分为立式和卧式两种。立式空气压缩机工作原理图如图 6-10 所示。立式活塞空气压缩机利用曲柄连杆机构，将动力机的回转运动转变为活塞往复直线运动，当活塞 1 向下运动时，气缸 2 内的容积逐渐增大，压力逐渐降低而产生真空，进气阀 7 打开，外部空气在大气压作用下，通过空气滤清器 5 和进气管 6 被吸入气缸内。当活塞向上运动时，气缸的容积逐渐减小，空气受到压缩，压力逐渐升高而使进气阀关闭，压缩空气打开排气阀 3 经排气管 4 输入储气罐中。卧式

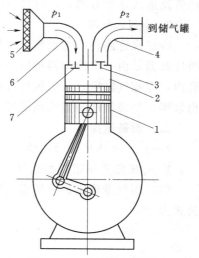

图 6-10　立式空气压缩机
工作原理图

1—活塞；2—汽缸；3—排气阀；
4—排气管；5—空气滤清器；
6—进气管；7—进气阀

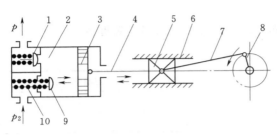

图 6-11　卧式空气压缩机工作原理图
1—排气阀；2—气缸；3—活塞；4—活塞杆；
5、6—十字头与滑块；7—连杆；8—曲柄；
9—进气阀；10—弹簧

空气压缩机工作原理图如图 6-11 所示。卧式活塞空压机的工作原理及工作过程与立式相同。

（二）储气罐

储气罐可使压缩空气输出平稳，起到缓冲的作用。同时可从冷却的空气中收集水分，并从系统中排出。同时压缩空气通过储气罐还有降温、除水、除污的初步效果。储气罐应设置安全阀、压力表和排泄阀等。

（三）油水分离器

油水分离器由内体和外体两部分构成。内体中装有过滤罩，使气体流动方向不断改变，促使油从气体中分离出去。

（四）汽水分离器

由于空气中含有水分，进入空气压缩机后，其中一部分以水汽形式进入管路中，使管路和设备锈蚀。因此，在空气压缩机与储气罐之间装有汽水分离器。空气进入汽水分离器后，由于绕流而使水离析出来，以便排出。

（五）管路

1. 压力管路

压力管路由连接气缸、冷却器和油水分离器的管路组成。空气压缩机运行时，空气经过滤器进入一级阀到一级气缸内，压缩后从排气阀排出，经管路进入一级冷却器，由一级冷却器排出进入二级气缸，从二级气缸管路进入二级冷却器，从二级冷却器出来的空气，经管路进入油水分离器，过滤后的空气通过压力管路供给各用户。

2. 冷却水管路

冷却水管路将冷却水泵、冷却器和气缸套连接起来。冷却水由水泵连续不断地送到一级冷却器，由一级冷却器排出的水经管路流入一级气缸体水套的下部；再进入二级气缸水套内，冷却气缸后，从二级气缸排出的冷却水再进入到二级冷却器内，最后由排水设施排出泵房。某泵站压缩空气系统如图 6-12 所示。

二、设备选择

（一）空气压缩机的选择

1. 高压空气压缩机的选择

（1）用气量确定。高压空气压缩机主要用于油压装置的压力油箱充气。其用气量计算公式为

$$Q_K = \frac{pV}{t} \tag{6-12}$$

式中　Q_K——高压用气量，m^3/min；

　　　V——压力油箱的充气容积，m^3；

　　　p——压力油箱最大工作压力，2.3～2.5MPa；

　　　t——压力油箱充气到全压的时间，一般为 20～90min。

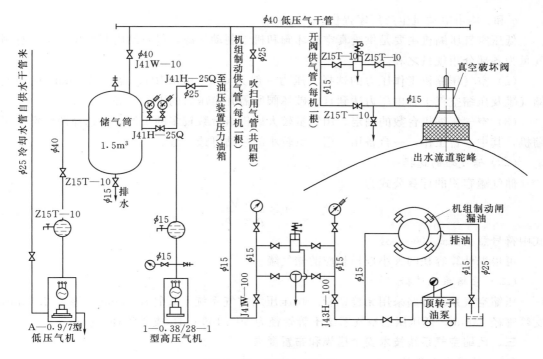

图 6-12 压缩空气系统

（2）空气压缩机工作压力的选择。当采用空气压缩机直接向压力油箱充气时，可选用额定压力为 2.5MPa 或 2.8MPa 的空气压缩机。

（3）空气压缩机台数的确定。一般只选用一台，不考虑备用机组。

2．低压空气压缩机的选择

（1）用气量确定

1）真空破坏阀用气量计算公式为

$$Q = K \frac{2p_1 V_1}{T(p_2 - p_1)} = \frac{V_2}{T} \qquad (6-13)$$

式中　Q——真空破坏阀用气量，m^3/min；

V_1——全站真空破坏阀全部开启后气缸下腔的容积，m^3；

V_2——储气罐的容积，m^3；

p_1——真空破坏阀设计工作压力，MPa；

p_2——储气罐压力的下限值，可取 0.6 MPa；

K——储气罐的安全系数，一般取 1.5；

T——储气罐恢复工作压力的时间，一般为 20～40min。

2）机组制动用气

$$q = q't \qquad (6-14)$$

式中　q——机组制动用气量，m^3；

q'——制动过程中每秒用气量，m^3；

t——制动过程延续时间，一般为 1～3min。

q' 和 t 均由电动机生产厂家提供。

低压空气压缩机主要是供给真空破坏阀和机组制动气源，以及站内其他用气量。总用气量为各部分用气量之和。

（2）空气压缩机工作压力的选择。压力一般为 0.6～0.8MPa，容量以 30min 内能使储气罐及压缩空气干管内压力达到真空破坏阀所需开启压力的上限较好。

（3）空气压缩机台数的确定。用气量较大或机组台数较多的泵站，可选择两台空气压缩机，其中一台工作，一台备用。用气量较小的泵站可选一台。

（二）储气罐的选择

储气罐容积的计算公式为

$$V_2 = 1.5 \frac{2 p_1 V_1}{p_2 - p_1} \tag{6-15}$$

式中符号意义同式（6-13）。

可根据计算容积的大小选择相应的储气罐。

（三）管路系统选择

压缩空气系统管路采用无缝钢管。高压压缩空气系统干管管径 32mm、壁厚 2.5mm，支管管径 15mm。低压压缩空气系统干管管径为 50～100mm，支管管径 25mm。

三、压缩空气系统技术安全措施和布置要求

（一）技术安全措施

（1）空气压缩机供气的储气罐，其工作压力应与空气压缩机的工作压力相同，若储气罐工作压力较小，则应在空气压缩机与储气罐之间装减压阀。

（2）在高、低压系统连接管上，如高压系统向低压系统供气，应装减压阀，减压阀后装安全阀和压力表；如低压系统向高压系统供气，应装逆止阀。

（3）每台空气压缩机和储气罐上均应安装保护设备，如压力表、安全阀、压力调整器、油水分离器、温度继电器等。在空气压缩机与储气罐之间的管路上应装逆止阀。

（4）容积较大的储气罐（10m³ 以上）应布置在单独房间内，并有泄压孔洞。

（5）为实现空气压缩机的自动启动，正常或事故停机，卸荷以及减压阀的自动开关等，必须在储气罐和配压阀上装节点压力表控制。

（6）为保证空气压缩机可靠运行，应有以下安全装置：①润滑油超过 70℃ 时空气压缩机自动停机；②空气压缩机的出口气温达到 180℃ 时，空气压缩机自动停机；③水冷式空气压缩机，当冷却水中断时，空气压缩机自动停机；④在多级空气压缩机的各级气缸内，当气压过高时，应自动泄压或停机。

（二）布置要求

（1）在大型泵站中，通常将空气压缩机和储气罐布置在电机层或副泵房的一端，管路系统与油系统管路沿泵房一侧并列布置，在机组段内引出支管到机组。

（2）当管路长度超过 40～50m 时，应装设伸缩节，以适应温度变化对管路的影响，管路坡度不应小于 0.3%～0.5%，末端设放气阀。

（3）空气压缩机室高度一般为 3.5m 左右，压缩机之间的间距一般不少于 1.5m；压缩机至配电柜的距离为 2～3m；至墙壁距离不小于 1.0m；与储气罐的间距一般为 0.5m。

空气压缩机室的门窗应向外开启。

第五节 通 风 设 备

电动机及电气设备的运行，以及太阳的辐射会产生大量的热量，尤其在夏季排灌季节，往往使得泵房内温度很高，不仅影响工作人员的身体健康，同时也使电动机绝缘老化，效率降低。实测资料表明，当电动机周围的温度达50℃时，电动机功率降低25%。因此，必须充分重视泵房的通风降温，特别是干室型泵房，应保证泵房内外温差不超过3～5℃。

泵房通风降温的方法有两种，一种是依靠泵房内外的温差形成风的作用，使泵房内外的空气进行交换，达到降温的目的，这种方法称为自然通风；另一种是依靠通风机所形成的压力差，强迫空气进入或排出泵房，这种方法称为机械通风。

一、泵房空气质量要求及通风方式

（一）空气质量

泵房通风与当地气候条件、泵房结构形式、电动机的通风方式和散热量及对泵房空气参数的要求等因素有关。主泵房和辅机房夏季室内空气参数见表6-9和表6-10。

表6-9　主泵房夏季室内空气参数

部位	室外计算温度（℃）	地面式泵房			地下或半地下式泵房		
		温度（℃）	相对湿度（%）	平均风速（m/s）	温度（℃）	相对湿度（%）	平均风速（m/s）
电动机层	<29	<32	<75	不规定	<32	<75	0.2～0.5
	29～32	比室外高3	<75	0.2～0.5	比室外高2	<75	0.5
	>32	比室外高3	<75	0.5	比室外高2	<75	0.5
水泵层		<33	<80	不规定	<33	<80	不规定

表6-10　辅机房夏季室内空气参数

部位	室外计算温度（℃）	地面式辅机房			地下或半地下式辅机房		
		温度（℃）	相对湿度（%）	平均风速（m/s）	温度（℃）	相对湿度（%）	平均风速（m/s）
中控室	<29	<32	<70	0.2	<32	<70	不规定
	29～32	<32	<70	0.2～0.5	比室外高2	<70	0.5
	>32	<32	<70	0.5	<33	<70	0.2～0.5
计算机室		20～25	≤60	0.2～0.5	20～25	≤60	0.2～0.5
高压开关室		≤40	不规定	不规定	≤40	不规定	不规定
蓄电池室		≤35	≤75	不规定	≤35	不规定	不规定

（二）通风方式

泵房通风降温方式有两种。

（1）自然通风。包括热压通风和风压通风，热压通风是依靠室内外温差形成的热压引起的空气对流；风压通风是自然风力作用引起的空气对流。因风随季节而变化，无风时则通风不能保证，因此在通风设计中自然通风即指热压通风。

（2）机械通风。它是靠通风机形成的压力差，强迫空气排出或进入泵房的通风方式。

二、主电动机通风

（一）通风方式

电动机的通风方式一般有三种：

（1）开敞式通风。冷却用的空气直接从电动机上机架进风口及电机层以下的电动机下部进入，冷却电动机线圈及铁芯后，经定子外壳出风孔排入电机层。如图 6-13 所示。

（2）管路式通风。冷却用的空气直接从电动机上机架进风口和电动机下部进入，冷却电动机线圈及铁芯后，经定子外壳出风孔进入专用的风道排出泵房外，如图 6-14 所示。

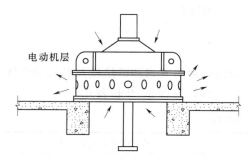

图 6-13　开敞时通风示意图

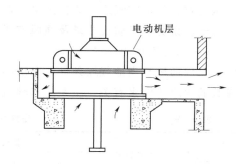

图 6-14　管路式通风示意图

（3）密闭循环通风。电动机四周设密闭的环形风道，将冷却空气与外界隔绝，热风从电动机定子外壳出风口排出后，经过水冷的空气冷却器将空气冷却再循环使用，从上下两端进入电动机冷却，如图 6-15 所示。

（二）通风量计算

泵房内热量主要由电动机和电缆产生，其中电动机散发的热量最大。开敞式通风，散发出的热量全部进入电动机层。一台电动机在正常负荷下的散热量计算公式为

$$Q_m = 860 \times \frac{P_m(1-\eta)}{\eta} \qquad (6-16)$$

式中　Q_m——一台电动机的散热量，kJ/h；

　　　P_m——一台电动机的功率，kW；

　　　η——电动机的效率，%。

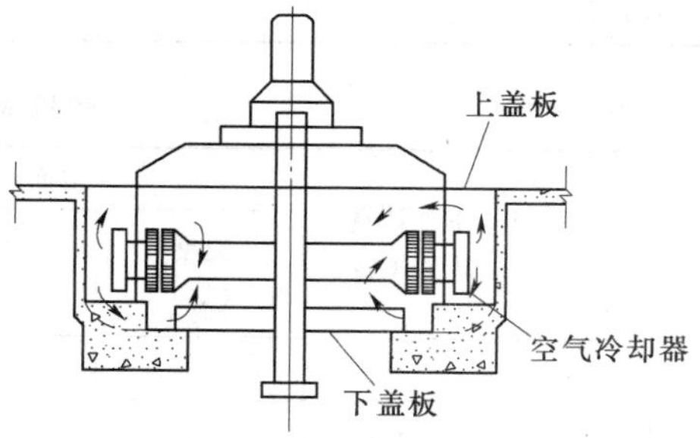

图 6-15　密闭循环通风示意图

电动机及太阳辐射进入室内的热量必须排出，并从泵房外引入温度较低的空气，所需空气量为

$$q_{av} = \frac{(Q_m + Q_w)Z}{60\rho C_p \Delta t} \qquad (6-17)$$

式中　q_{av}——通风设备的通风量，m³/min；

　　Q_w——进入室内的太阳辐射热量，kJ/h 一般为 $10\%Q_m$；

　　Z——电动机的台数；

　　ρ——空气密度，kg/m³，30℃时 $\rho=1.2$kg/m³；

　　C_p——空气比热容，0.24kcal/（kg·℃）；

　　Δt——泵房内外温差，一般取 3～5℃。

　　根据计算的通风量和风压，查通风机产品样本或目录选用通风机。

三、自然通风

　　热压通风的工作原理如图 6-16 所示。当泵房内的空气温度比泵房外的空气温度高时，室内的空气密度比室外的空气密度小，因而在建筑物的下部，泵房外空气柱所形成的压力要比泵房内空气柱所形成的压力大。由于存在着因温度差而形成的压力差，泵房外温度比较低的空气，从泵房下部窗口进入泵房内；同时，泵房内温度比较高的空气，从泵房上部窗口排出泵房外，泵房内外就形成了空气的自然对流。

　　自然通风的设计是根据泵房内的热量来计算通风所需要的空气量及根据泵房内外的温差来计算所需要的进、排风口面积。然后与实际

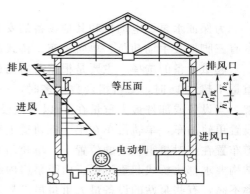

图 6-16　热压通风示意图

所开窗口面积比较。如果需要的面积小于实际所开窗口面积，则自然通风能满足。反之应调整窗口面积和高度，或加设机械通风设备。

　　我国北方中、小型泵站，一般用开窗通风面积与泵房地板面积的比值来判断是否满足自然通风要求，即实际开窗通风面积大于泵房地板面积的 20%～30% 时，就能满足通风散热的要求。

四、机械通风

　　机械通风有全面通风和局部通风两种。全面通风在墙上进风或排风位置安装通风机进行通风，使全室达到降温的目的。局部通风把通风管直接通到电动机或蓄电池室，使热量或酸雾通过管路排出室外。两种通风方式中又各有抽风式和送风式两种形式。前者依靠通风机抽出室内或热源的热空气，后者依靠通风机向室内或热源送入冷空气。

　　在初步确定管路直径和管路布置方式后，计算出总压力损失，并根据总压力损失和通风量初步选择风机型式和台数，再根据初步确定的管路直径、管路布置方式和各段空气流量求出总的管路压力损失，该值应略小于所选风机的工作压力，否则应对管路直径或布置进行修改至符合要求。在机械通风设计中，风量一定时，风速大，管路直径小，造价低，但管路阻力大，所选风机功率大，耗电量多；反之若风速小，管路直径大，管路阻力小，所选风机功率小，耗电量少，但管路造价高。所以应定出一个经济合理的流速确定管路直径。通风管路风速一般为 3～12m/s，通风管路的设计计算可参考流体力学等有关书籍。

　　在北方地区的中、小型泵站，当采用自然通风不能满足要求时，常采用全面通风方式，即在泵房下部正对电动机的位置上设置送风机，将室外冷空气送入泵房内；在泵房上

部设置抽风机，将室内热空气排出室外，达到通风降温的目的。

在大型泵站中，过去电动机安装在电机层楼板上，电动机散发的热量直接排到泵房中，致使泵房温度过高。如将电动机底座高程降低，在电动机四周做成风道，再连接直风道通到进水侧墙外。在直风道中安装风机，电动机运行时，盖上环形风道上的盖板，通风机把电动机散发出的热量，直接从风道中排出泵房。这种通风方式效果很好，已被很多泵站采用。

第六节　起　重　设　备

为保证水泵、电动机和其他设备的安装、检修，泵房内应设起重设备。常用的起重设备有三脚架装手动葫芦、单轨吊车、桥式起重机等。

起重设备的选择，主要是根据泵房内最重设备的重量或最重部件。当设备或部件最大重量不超过 1t 时，或机组台数不多时，一般不设置固定起重设备，采用手拉葫芦与三脚架。当设备或部件最大重量在 5t 以下或设备重量虽不超过 1t，而机组台数较多时，一般设置单轨吊车，单轨吊车在工字钢轨道上行驶，工字钢固定在屋面大梁或屋架下弦上，轨道布置在正对机组轴线的位置上。单轨吊车构造简单，价格低廉，对泵房的高度、跨度及结构要求都比桥式起重机低。由于泵房内起重设备仅用于机组和管路的安装、检修，利用率不高，有些泵站的设备最大重量虽已超过 5t，也采用单轨吊车。

大型泵站由于起重量较大，而且泵房的跨度也较大，所以多采用电动双梁桥式起重机，在选型时可根据起重量、跨度和提升高度选择合适的定型产品。

思　考　题　与　习　题

1. 泵站中有哪些辅助设备？
2. 充水设备有几种？各有什么优缺点？各适用于什么场合？
3. 如何选择真空泵？
4. 泵站技术供水包括哪些方面？
5. 如何确定技术供水量？
6. 如何选择供水水泵？
7. 如何进行供水系统的布置？
8. 泵站排水包括哪些方面？
9. 如何选择排水水泵？
10. 泵站用油的种类有哪些？它们的作用是什么？
11. 油压装置和油压系统分别包括哪些设施？
12. 压缩空气系统有哪两类？它们供气的对象分别是什么？
13. 压缩空气系统包括哪些设施？
14. 压缩空气系统有哪些技术安全措施？
15. 泵房为什么要进行通风散热？通风散热的方式有哪些？
16. 如何选择泵站中的起重设备？

第七章 机组和管路的安装

水泵机组和管路的安装是排灌泵站建设中的重要环节。安装质量的良好与否，直接影响到机组的运行、管理、维修和机组运行的效率以及使用寿命。因此，必须按照 SL317—2004《泵站安装及验收规范》和有关技术要求进行安装。

第一节 安装要求与安装工具

一、安装要求与安装计划

1. 安装要求

安装单位在安装前必须配齐技术力量，进行安装施工组织设计和制定安装施工网络计划。

监理工程师应根据泵站具体情况组织设计、制造、施工单位进行技术交底，相互协调。安装施工组织设计经审查批准后，由总监理工程师发布开工令，施工单位方可进场进行安装施工。

应成立施工组织机构，设立单项工程负责人，明确职责范围，统一指挥。

安装人员要认真学习技术资料，熟悉图纸，掌握规程、规范和有关的技术规定，掌握安装步骤、方法和要求，使安装质量满足设计要求。

2. 安装计划

安装计划是施工工作的主要组成部分。内容包括：安装工艺过程、安装工作日程等。

安装计划中应明确施工顺序和施工进度，列出整个工程中的单项工程、分部工程及其工程量，分出主、次、先、后，然后合理安排工期、人员组成及各个施工阶段的主要任务，使各项工程施工进度能够前后兼顾，互相衔接。

二、安装工具

安装工具与机组的型号、大小等有关，要根据具体情况，准备好所需的安装工具。安装工具包括一般工具、量具、专用工具和起吊运输工具等。

1. 塞尺

塞尺是检查间隙的量具。由不同厚度的条形钢片组成，每片的厚度在 0.01~1mm 之间，测量时可一片或数片重叠在一起插入间隙内使用。

2. 千分尺

千分尺是测量零部件尺寸较精密的量具，它是利用螺旋运动原理，把螺旋的旋转运动变成测检的直线位移进行测量的量具。按其用途不同分为外径千分尺、内径千分尺，如图 7-1、图 7-2 所示。前者用于测量零部件的外形尺寸，后者用于测量零部件的内尺寸。

成套的内径千分尺，带有一套不同长度的接长杆，根据被测物的尺寸，选择不同尺寸的接长杆。

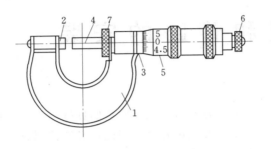

图 7-1　外径千分尺

1—弓架；2—固定测砧；3—固定套管；4—螺杆测轴；

5—活动刻度套管；6—棘轮；7—定位环

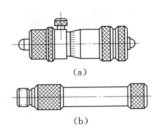

图 7-2　内径千分尺

(a) 尺头；(b) 加长杆

3. 百分表

百分表是检查各部件之间互相平行及部件表面几何形状的仪表，它是利用齿轮、齿条传动机构，把测头的直线位移变为指针的旋转运动。指针可精确地指示测杆所测量的数据，如图 7-3 所示。

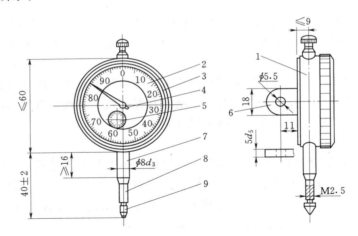

图 7-3　百分表（单位：mm）

1—表体；2—表盘；3—表圈；4—指针；5—转数指示器；

6—耳环；7—套筒；8—量杆；9—测量头

4. 方框水平仪

方框水平仪是测量水平度和垂直度的精密仪器。它由外表面相互垂直的方形框架及主水准和与主水准垂直的辅助水准组成，如图 7-4 所示。

5. 求心器

求心器是找正机组中心的专用工具，由卷筒、拖板和转盘等组成，如图 7-5 所示。使用时将钢琴线绕在卷筒上，下端系一重锤，重锤浸入盛有黏性较大的油桶中。调节转盘将求心器做前后左右微量移动，可调节钢琴线的铅垂位置。

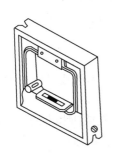

图 7-4　方框水平仪

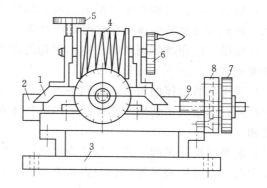

图 7-5　求心器

1—上拖板；2—下拖板；3—底座；4—卷筒；5—刹车；
6—摇手；7—调节转盘；8—调节丝杠；9—固定盘

三、设备的检查与验收

设备运到工地后，由监理工程师组织有关人员根据设备到货清单进行验收，检查设备规格、数量和质量及各项技术文件和资料。对有出厂验收合格证，包装完整，外观检查未发现异常，运输保管符合技术规定的，可不进行解体检查。若对制造质量有怀疑或由于运输保管不当等原因而影响设备质量的，则应进行解体检查。为保证安装质量，对于与装配有关的主要尺寸及配合公差应进行校核，主要包括以下内容。

（1）水泵及电动机组合面的合缝检查应符合下列要求。

1）合缝间隙用 0.05mm 塞尺检查，塞尺不能通过间隙。

2）当允许有局部间隙时，用不大于 0.10mm 的塞尺检查，深度应不超过组合面宽度的 1/3，总长应不超过周长的 20%。

3）组合缝处的安装面高差应不超过 0.10mm。

（2）叶轮圆度、高度、中心、止漏密封、叶片调节机构等。

（3）泵轴长度、止口、轴颈与轴承的配合间隙。

（4）叶轮与外壳间隙。

（5）操作油管顶部与调节器铜套的配合尺寸。

（6）电动机转子轴长，磁极圆度，定子内径。

（7）推力头与电动机轴配合间隙和连接键与键槽的配合。

（8）卡环与卡环槽配合间隙以及镜板检查等。

检查验收合格后，按其用途、构造、重量、体积及使用先后，结合现场条件，确定保管地点和保管方法。

四、吊装要求和注意的问题

设备的安装和检修，都需要进行吊装。随着排灌泵站规模和单机容量的增大，安装和检修设备的增多，机组、部件尺寸和重量也相应增大。因此，必须根据工程的具体情况，制订吊装方案。

吊装工作中应注意如下问题。

（1）吊装前要认真检查所使用的工具，如钢丝绳、滑轮等是否符合使用要求。

（2）钢丝绳与吊装物体棱角接触处应垫弧形钢板或木板保护，不准直接接触吊装物件棱角，以免吊件棱角磨坏钢丝绳；捆绑重物的钢丝绳与垂直方向的夹角不得大于 45°，在起吊高度允许的情况下，夹角越小越好。

（3）找准吊装物体的重心，做到平起平落，切忌倾斜。

（4）两台起重机吊装同一物体时，吊装物体重量（包括吊具）不能超过两台起重机起重量之和。

（5）起吊时应先吊起少许，以检查绳索是否牢固，同时用木棍或钢撬棍敲击钢丝绳，使其受力均匀，并检查吊绳的合力点是否通过吊装物体中心，吊装物体是否水平等。

五、土建工程配合

安装前土建工程施工单位应提供主要设备基础及建筑物的验收记录，建筑物设备基础上的基准线、基准点和水准点高程等技术资料。为保证安装质量和安装工作的顺利进行，安装前机组基础混凝土应达到设计强度的 70% 以上。泵房要封顶，不漏雨雪，门窗能遮蔽风沙。建筑物装修时，不影响安装工作，并保证机电设备不受影响。对设有固定起重设备的泵房，起重设备应具备吊装条件。

第二节　卧式机组的安装

一、主机组基础和预埋件安装

1. 基础放样

根据设计图纸要求，在泵房内按机组纵横中心线及基础外形尺寸放样。为保证安装质量，必须控制机组的安装高程和纵横中心线位置；为便于管路安装，主机组的基础与进、出水管路（流道）的相互位置和尺寸应符合设计要求。

2. 基础浇筑

根据机组的大小，基础浇筑有一次浇筑法和二次浇筑法。

一次浇筑法用于水泵进口直径在 500mm 以下的小型或带底座的机组。浇筑前根据地脚螺栓的间距，先将地脚螺栓固定在基础模板顶部的横木上，如图 7-6 所示。经检查螺栓间距和垂直满足要求后，将地脚螺栓一次浇入基础内。这种方法的优点是地脚螺栓和基础结合牢固，螺栓的抗拉能力较大。其缺点是若螺栓位置不正或混凝土振捣过程中，螺栓受撞而变位，将使机组的地脚螺栓孔和螺栓不能对正，给机组安装造成困难。

二次浇筑法用于水泵进口直径在 500mm 以上的大型或不带底座的机组。浇筑前在基础模板的横木上相应于地脚螺栓的位置，预留出地脚螺栓孔，如图 7-7 所示。待基础混凝土凝固后，取出预留孔内的模板。预留孔的中心线与地脚螺栓的中心的偏差不大于 5mm，孔壁垂直度误差不得大于 10mm，孔壁力求粗糙。机组安装好后再向预留孔内浇筑混凝土或水泥砂浆，并振捣密实，以保证设备的安装精度及两次浇筑的混凝土黏接牢固。

3. 预埋件的安装

水泵和电动机基础应平整，以便于机组的安装。常用做浆法在基础表面或地脚螺栓处设垫铁。垫铁顶面的高程和基础顶面的设计高程一致，允许误差不超过 1mm，垫铁埋设

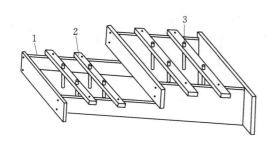

图 7-6　一次浇筑地脚螺栓
1—基础模板；2—横木；3—地脚螺栓

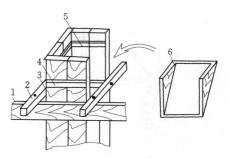

图 7-7　二次浇筑地脚螺栓预留孔模板
1—基础模板；2—横木；3—预留孔；4—预留孔
外横木；5—内横木；6—楔形模板

时各垫铁的高程偏差宜为 $-5\sim0$mm，中心和分布位置偏差宜不大于 10mm，水平偏差宜不大于 1mm/m。另外，在水泵和电动机底座下面，一般设调整垫铁，用来支承机组重量，调整机组的高程和水平。垫铁为钢板或铸铁件，斜垫铁的薄边厚度不小于 10mm，斜边坡度为 $1/10\sim1/25$，搭接长度在 2/3 以上。

二、卧式水泵的安装

卧式机组安装程序如图 7-8 所示。水泵就位前应复查基础水平和高程。水泵的中心线找正、水平找正和高程找正，是安装过程中的关键。

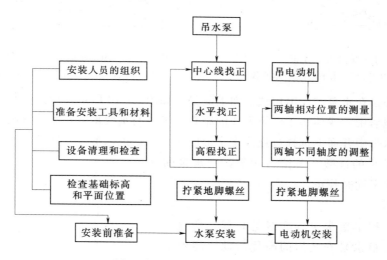

图 7-8　卧式机组安装程序图

1. 中心线找正

中心线找正就是找正水泵的纵、横中心线。先定好基础顶面上的纵、横中心线，然后在水泵进、出口法兰面（双吸离心泵）和轴的中心分别吊垂线，如图 7-9 所示。调整水泵位置，使垂线与基础上的纵、横中心线相吻合。

2. 水平找正

水平找正就是找正水泵纵向水平和横向水平。一般用水平仪或吊垂线的方法，单级离心泵在泵轴和出口法兰面上测量，如图 7-10、图 7-11 所示。

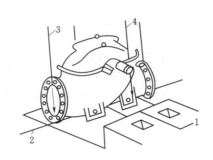

图 7-9　找正中心线

1、2—基础的纵、横中心线；3—水泵进出
口法兰中心线；4—泵轴中心线

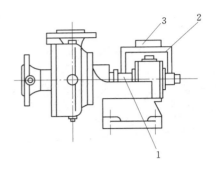

图 7-10　纵向水平找正

1—水泵轴；2—支架；3—水平仪

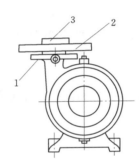

图 7-11　横向水平找正

1—水泵出水口法兰；2—水平尺；3—水平仪

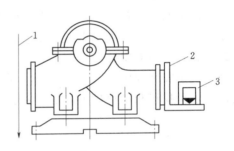

图 7-12　用吊垂线或方水平仪找正水平

1—垂线；2—专用角尺；3—方框水平仪

　　双吸离心泵在水泵进、出口法兰面上测量，如图 7-12 所示。用调整垫铁的方法，使水平仪的气泡居中，或使法兰面至垂线的距离相等或与垂线重合。卧式双吸离心泵，还可以在泵壳的水平中开面上选择可连成十字形的 4 个点，把水准尺立在这 4 个点上，用水准仪读各点水准尺的读数，若读数相等，则水泵的纵向与横向水平同时找正。

　　3. 高程找正

　　水泵的高程是指水泵轴心线的高程。高程找正的目的是校核水泵安装后的高程与设计高程是否相符，用水准仪和水准尺进行测量。测量时将一水准尺立于已知水准点高程 H_B 上，将另一水准尺立于水泵轴上，如图 7-13 所示。水泵轴心线的高程 H_A 的计算公式为

$$H_A = H_B + L - C - \frac{d}{2} \qquad (7-1)$$

式中　H_A——水泵轴心线的高程，m；

　　　　H_B——基准点 B 处的高程，m；

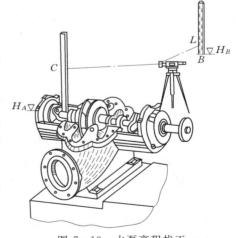

图 7-13　水泵高程找正

L——B 点水准尺的读数，m；

C——泵轴上水准尺的读数，m；

d——泵轴的直径，m。

三、卧式电动机的安装

1. 卧式电动机的安装

卧式水泵与电动机多数采用联轴器传动。电动机安装时以水泵轴为基准。调整电动机的轴，使其联轴器和水泵的联轴器平行且同心，并保持一定的间隙，从而使两轴线位于同一条直线上。

如果电动机和水泵两联轴器的端面不平行或两轴心线不在同一条直线上，运行中泵轴和电动机轴受周期性弯曲应力影响，就会使轴承发热，甚至引起机组振动。

2. 两轴相对位置的测量

为了使两轴线在同一条直线上，需确定两轴的相对位置。测量两轴相对位置的量具主要有直尺、塞尺和百分表等。

用直尺和塞尺测量两轴的相对位置，如图 7-14 所示。测量时按上、下、左、右 4 点分别测量径向间隙和轴向间隙。用这种方法测量，受量具限制，测量精度不高。

如图 7-15 所示是用两支百分表同时测量两轴的轴向和径向间隙的简图。百分表的表架分别安装在电动机轴和水泵轴的半联轴器上。转动两联轴器于 0°，90°，180°，270°，同时读百分表上的径向和轴向间隙 a 和 b 值。径向间隙为 a_1-a_3 或 a_2-a_4，对于刚性联轴器不能大于 0.10~0.16mm，弹性联轴器不能大于 0.12~0.24mm；轴向的间隙为 b_1-b_3 或 b_2-b_4，对于刚性联轴器不能大于 0.05~0.08mm，弹性联轴器不能大于 0.08~0.15mm。否则需对轴向和径向间隙进行调整。

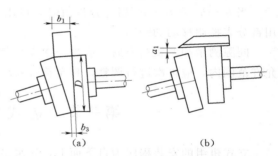

图 7-14　用塞尺和直尺测量两轴的
轴向和径向间隙

（a）轴向间隙测量；（b）径向间隙测量

3. 半联轴器调整计算

根据上述测量成果，可通过在电动机底座下加减垫铁或左右移动电动机的位置进行调整。如图 7-16 所示，加减垫铁的厚度或左右移动电动机的位置根据相似三角形原理按式

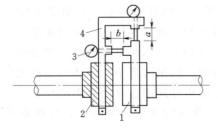

图 7-15　用百分表测量间隙

1—水泵联轴器；2—电动机联轴器；3—百分表；4—支架

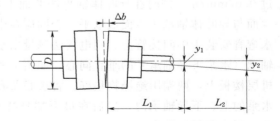

图 7-16　调整轴向间隙计算图

（7-2）和式（7-3）进行计算。

因为
$$\frac{y_2}{L_1 + L_2} = \frac{y_1}{L_1}$$

$$\frac{\Delta b}{D} = \frac{y_2}{L_1 + L_2}$$

所以
$$y_1 = \frac{L_1 \Delta b}{D} \qquad (7-2)$$

$$y_2 = \frac{(L_1 + L_2)\Delta b}{D} \qquad (7-3)$$

式中　y_1——电动机前地脚螺栓处应加垫片的厚度，mm；

y_2——电动机后地脚螺栓处应加垫片的厚度，mm；

L_1——电动机前地脚螺栓至联轴器端面的距离，mm；

L_2——电动机前后地脚螺栓之间的距离，mm；

D——联轴器的外径，mm；

Δb——0°与180°处轴向间隙之差，即 $\Delta b = b_1 - b_3$。

若 $b_1 - b_3$ 为负值时，y_1 和 y_2 应为负值，即表示电动机底座下应减少的垫片厚度。

当 $b_2 - b_4$ 或 $b_4 - b_2$ 超过允许值时，可用千斤顶或撬杠将电动机向左或向右移动，并用百分表控制移动的距离。

间隙测量和调整结束后，应再一次盘车测量，校核间隙是否在允许的范围内，如不在允许范围内，应再次进行调整，直至符合要求为止。

第三节　立式机组的安装

立式机组的安装程序为自下而上，先水泵后电动机；先固定部件后转动部件。立式机组的高程、水平、同心、摆度和间隙是机组安装的关键，必须认真掌握。立式轴流泵安装程序如图7-17所示。

泵体安装前先将叶片安装在轮毂上，均匀上紧连接螺栓。然后将水泵底座、中间接管、弯管等部件吊放到水泵层。把喇叭管、叶轮、导叶体吊放到进水层。

一、立式水泵的安装

1. 导叶体组合件的安装

组装导叶体和中间接管，用水平梁和方水平仪测量中间接管水平，要求水平误差不超过0.07mm/m。同时在导叶体轴承法兰面上用方水平仪测导叶体水平，要求中间接管法兰面与导叶体轴承法兰面成水平。否则应在中间接管与导叶体连接法兰面间加纸垫。将出水弯管安装于中间接管上。用电气法测量出水弯管导轴承（水泵上导轴承）和导叶体内导轴承（水泵下导轴承）的垂直同心，如图7-18所示。测量时将中心架和求心器放稳在电机层楼板上，两端用绝缘物垫好。将求心器卷筒上的钢琴线通过求心器下的小孔，下放到水泵的上、下导轴承内。然后在最下端悬挂重锤，重锤浸入盛油的桶中，以防钢琴线摆动，影响测量的精度。

把内径千分尺，上、下轴承，耳机，干电池和求心器用导线连成电气回路，转动求心

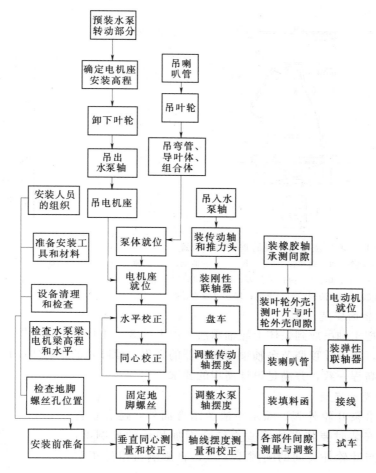

图 7-17　立式机组安装程序图

器的卷筒，使钢琴线长短合适且居于中心位置。将轴承按东、西、南、北方向分成 4 等分，并以 x—x、y—y 标记出。然后戴上耳机，一手拿千分尺，另一手调节千分尺的测杆长度，使千分尺的顶端与轴承的内径接触，表头先在较大的范围内与钢琴线接触。

如果线路接通，就能从耳机内听到"咯咯"的响声。这样反复施测，并取各点测杆的最短长度，作为钢琴线到轴承边壁的距离，并将各点所测得的数据记入表格内。

以上导轴承东西向和南北向的 1 面为准，如图 7-19 所示，从东西（或南北）两数的差值中，分别减去 2、3、4 各面上两数的差值并除以 2，就得上、下导轴承的不同心值。不同心值不能超过 0.05mm，否则，说明两轴承不同心。这时需根据不同心值的情况，移动出水弯管。出水弯管移动后，再次检查泵体的垂直同心情况，直到满足要求为止。然后在出水弯管和中间接管的两法兰面上，互成 120° 的地方，装 3 个定位销钉加以固定，以防垂直同心改变。

泵体校平后，浇筑水泵地脚螺栓和垫板的二期混凝土。但在浇筑过程中，泵体的水平同心不能变化，否则，应重新调整。

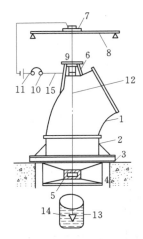

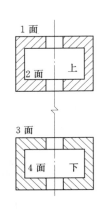

图 7-18　电气法测量水泵的垂直同心装置

1—弯管；2—中间接管；3—底座；4—导叶体；5—下轴承；6—上轴
承；7—求心器；8—中心架；9—内径千分表；10—耳机；11—电池；
12—钢琴线；13—油桶；14—重锤；15—绝缘软导线

图 7-19　上、下轴承施
测面示意图

2. 水泵主轴的安装

安装时先把主轴吊放到泵体上导轴承法兰面上的 3 个千斤顶上，如图 7-20 所示。待叶轮安装好后，用千斤顶调节泵轴顶部联轴器的高程，使叶轮的中心线高程与叶轮外壳上的手孔盖中心高程一致，并满足设计高程的要求。

3. 叶轮外壳的安装

大、中型水泵叶轮外壳，除水平法兰结合面外，还有垂直法兰结合面。安装时要特别注意垂直结合面加垫后的椭圆度，否则将使叶片与叶轮外壳间的间隙不一致，将影响机组的正常运行。

二、立式电动机的安装

电动机有同步和异步两种，安装的方法和要求有所不同。现以同步电动机为例，说明主要部件的安装和质量控制的方法。

1. 下机架的安装

安装于基础梁上的电动机下机架高程，取决于定子高程以及转子磁极高程。如图 7-21 所示，下机架高程的计算公式为

$$\nabla H_4 = \nabla H_1 + H_2 + \Delta H - H_3 \tag{7-4}$$

式中　∇H_4——下机架高程，相当于基础梁顶的高程，m；

　　　∇H_1——水泵轴联轴器高程，m；

　　　H_2——电动机轴下端联轴器端面到转子磁场中心的高度，m；

　　　H_3——定子磁场中心至基础梁顶的高度，m；

　　　ΔH——定子磁场中心高出转子磁场中心的高度，m。ΔH 应小于或等于电动机定子矽钢片有效高度的 0.5%。

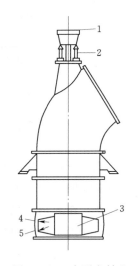

图 7-20　水泵主轴和
叶轮装置安装示意图

1—水泵联轴器高程；2—千斤
顶；3—叶轮装置；4—上间
隙；5—下间隙

求得的下机架高程与下机架实际高程偏差不能大于±1.0mm。

2. 定子的安装

将定子吊放就位，穿上地脚螺栓，用水平梁和方水平仪，在定子平面上测量定子水平，利用垫铁调整水平和高程，其高程应符合设计要求，水平误差不得大于 0.1mm/m。

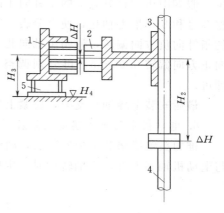

图 7-21 电动机下机架安装高程示意图
1—定子；2—转子；3—电动机轴；
4—水泵轴；5—下机架

以水泵上导轴承为基准，用电气测量法分东、西、南、北方向，在定子铁芯上、下两端测量，要求电动机上、下机架的不同心值不超过±1.0mm，定子上、下部位的不同心值不超过±0.2mm。

定子通过水平、高程和垂直同心测量、调整后，即可拧紧地脚螺栓，用电焊将垫铁与下机架基础板焊牢，最后浇筑二期混凝土。

3. 转子的安装

吊装前检查转子连接杆、风扇、阻尼环等连接的是否牢固。定子矽钢片及通风沟内要进行检查和清扫。吊放时为了防止碰撞，用厚度为间隙一半的纸箱，插在定子和转子的空隙内，然后将转子慢慢下落到下机架十字梁的 4 个千斤顶上。调节千斤顶的高度，使转子中心高程略低于设计高程1.5mm 左右，且转子与定子的中心线基本一致。

4. 上机架的安装

经检查油槽、油和水管路没有渗漏现象后，对准油管路的位置，将上机架吊放到定子上。要求上机架和定子结合面全部接触，用塞尺检查时，局部间隙不能大于 0.02mm，中心位置与定子中心的误差为±1.5mm，水平误差不大于 0.02mm/m。

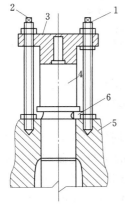

图 7-22 套入推力头的方法

1—装推力头；2—拆卸推力头；3—专用工具；4—轴；5—推力头；6—卡环

5. 推力轴承及导轴承的安装

用专用拆装工具，将预热50～60℃的推力头套到轴上，如图 7-22 所示。当推力头顶部平面和轴上的卡环槽平齐时，装上卡环，将推力头稍退出一点，压紧卡环。

把抗重螺栓调至最低位置，再将推力轴瓦放在轴瓦面上，在轴瓦面上涂无水凡士林，放入镜板和绝缘胶垫。将镜板与推力头组合螺栓套上绝缘套拧紧。退下下机架上支撑转子的千斤顶，使转子的重量落到推力轴瓦上。将 8 块推力轴瓦依次编号，在电动机主轴下端联轴器的西、南（或东、北）方向，放两只百分表。在主轴顶端放水平梁，用方水平仪测量推力轴瓦水平，如图 7-23 所示。校核水平时首先调整 4 号、6 号推力轴瓦下抗重螺栓，使方水平仪在东西方向成水平，调整 1 号推力瓦，使方水平仪在南北方向上也成水平，将两只百分表的指针对准零点。然后再调节 3 号和 7 号两块推力轴瓦。首先调整 3 号推力轴瓦，使百分表 6 的指针向正向偏转0.05mm。再调整 7 号推力轴瓦，使百分表 6 的指针又回到原来的零位。假如南边的百分表 7 的指针向正的方向偏转，说明电动机轴向南倾斜。这时，应先调整 2 号和 8 号推力轴瓦，使百分表 7 的指针又回到原来的零位即可。相反，如果百分表 7 的指针向负方向偏转，说明主轴向北倾斜，则应先调整 5 号推力轴瓦，使百分表 7 的指针向正方向偏转 0.06mm，再分别调整 2 号、8 号推力轴瓦，使百分表 7 的指针回到零位即可。

最后安装上导轴承支架，旋紧上导轴承瓦背面的螺栓，使导轴承抱住主轴。

6. 电动机主轴轴线摆度测量及调整

推力头绝缘垫和镜板安装后，由于绝缘垫薄厚可能不均，使镜板与推力轴瓦的接触面与电动机轴不垂直，主轴转动时产生摆动。

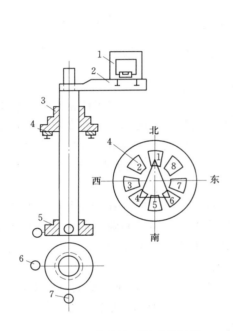

图 7-23　推力轴瓦调平装置图
1—方水平仪；2—水平梁；3—推力头；
4—推力轴瓦；5—联轴器；6、7—百分表

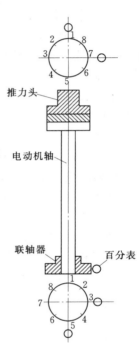

图 7-24　摆度测量装置
示意图

测量轴线摆度时，将电动机轴下部的联轴器和上部的导轴承沿圆周等分成 8 个点，如图 7-24 所示。在轴承和联轴器处，互成 90°安装两只百分表，使表的测杆接触被测物的表面，并使表的读数指零。然后按顺时针方向转动电动机轴，分别记下各百分表的读数。分别将两处互成 180°的各点（如上导轴承处的 1—5，2—6，3—7，4—8）数值相减，其最大值就是摆度圆的直径，即该处的全摆度。用联轴器处的全摆度值减去上导轴承处的全摆度值，可计算轴的倾斜度。

$$\delta' = \frac{\phi}{2L_1} \tag{7-5}$$

式中　δ'——轴的倾斜度；

ϕ——联轴器处的全摆度值与上导轴承处的全摆度值的差值，mm/m；

L_1——镜板至下部被测面之间的垂直距离，mm。

式（7-5）表示从推力头镜板平面算起单位轴长的摆度值，也称相对摆度。机组运行中，不同位置处轴的允许相对摆度可用施测物处的百分表至镜板面的距离乘以机组轴线的允许相对摆度值，见表7-1。

在任何情况下，水泵导轴承处主轴的绝对摆度值应不超过有关规定，见表7-2。

推力头下面绝缘垫应刮削最大厚度的计算公式为

$$\delta = D\delta' \tag{7-6}$$

式中　δ——绝缘垫应刮削最大厚度，mm；

D——镜板的直径，mm；

δ'——轴的倾斜度。

由式（7-6）可知，求得轴的相对摆度δ'后，乘以镜板的直径D就可求得推力头下面绝缘垫应刮削的厚度值。若δ为正值，说明该处需要刮磨绝缘垫或刮磨推力头；当δ为负值时，则说明在该处的对面位置处需要刮磨绝缘垫或推力头，来消除轴线摆度。

表 7-1　　机组轴线的允许相对摆度值（双振幅）　　　　单位：mm/m

轴的名称	测量部位	轴的转速（r/min）				
		$n \leqslant 100$	$100 < n \leqslant 250$	$250 < n \leqslant 375$	$375 < n \leqslant 600$	$600 < n \leqslant 1000$
电动机轴	上、下导轴承处轴颈及联轴器	0.03	0.03	0.02	0.02	0.02
水泵轴	轴承处的轴颈	0.05	0.05	0.04	0.03	0.02

表 7-2　　　　　水泵导轴承处轴颈绝对摆度允许值

水泵轴的转速（r/min）	$n \leqslant 250$	$250 < n \leqslant 600$	$n > 600$
绝对摆度允许值（mm）	0.30	0.25	0.20

7. 主轴连接和机组轴线摆度的测量及调整

当电动机摆度测量合格后，即可将电动机轴与水泵轴连接。连接后的两联轴器结合面，用透光法或用0.05mm的塞尺检查时，应不透光或塞尺塞不进去。然后测量机组轴线的摆度。

由于联轴器的加工面存在一定的误差，即使电动机轴线的摆度已调整合格，水泵轴和电动机轴连接后，水泵轴运行时仍有摆度，如果摆度超过表7-1所列值或0.02mm/m时，则应刮磨电动机和水泵的联轴器的结合面。

第四节　管路的安装

管路安装包括进水管路、出水管路、管件、阀件的安装。管路安装前应检查管路的规格和质量是否符合要求。安装管路的管床、镇墩等土建工程应满足要求，与管路连接的设备，应安装完毕，固定稳妥。

一、管路安装的要求

（1）进、出水管路不能漏气漏水。进水管路漏气会破坏水泵进口处的真空，使水泵的出水量减少，甚至不出水。出水管路漏水虽不影响水泵的正常工作，但严重时浪费水资源，降低装置效率，同时有碍泵站管理。所以进、出水管路应尽可能焊接或法兰连接。

（2）水泵进口前的进水管路应有一段不小于4倍管径的直管。否则水泵进口处的流速分布不均匀，将影响水泵的效率，进水管路应尽量短，弯头尽量少，以减少水头损失。

（3）进水管路进口处应装滤网或在进水池前设拦污栅，以防杂物吸入水泵，影响水泵的工作。吸水管路进口处要有足够的淹没深度和适宜的悬空高度。

（4）水泵的进、出水管路应有支承，避免把管路和附件的重量传到水泵上。

（5）安装出水管路时定线要准确，管路的坡度及线路应符合设计要求。采用承插接口的管路，接口填料要密实，且不漏水。泵房内部的出水管路应采用法兰连接，以便于拆装检修。

（6）合理选择管路的铺设方式。

二、管路安装的方法

（一）管路中心线和铺设坡度的控制

安装管路一般是从水泵的进、出口开始向两侧依次安装，为确保管路安装质量，应严格控制管路中心线和铺设坡度。

1. 中心线控制

按设计要求，在龙门架上拉好进、出水管路的中心线。安装时每节管路都要从中心线上吊下垂线，使管路中心对准垂线。

2. 坡度控制

首先根据设计的管路坡度制作坡度尺，然后利用坡度尺和水平仪进行测量，水平段可直接用水平仪进行测量。

（二）管路的连接

管路的连接是管路安装中的关键工序。管路连接方式不同，安装的方法也不同。常用的连接方式有焊接、法兰连接、承插连接。

1. 焊接

管路壁厚小于4mm时宜采用气焊；壁厚大于或等于4mm时宜采用电焊。焊接层（遍）数视管壁厚度及焊缝的宽窄而定，气焊一般为1遍，电焊1～3遍。焊条的物理、化学性质应符合要求。施焊前焊条应烘干，焊口应清刷干净；焊接时电流大小应适宜，否则电流太大易焊穿，电流太小不易焊透。多层焊接时，第一遍用细焊条，第二遍、第三遍用粗焊条。为了防止焊缝局部突起，多层焊接时，各层的起、终点应错开。焊缝应平整，不得有夹渣、气孔、焊瘤、未焊透等缺陷。

2. 法兰连接

在管路的法兰盘之间应设厚度为2～5mm的橡胶垫，或用浸过白铅油的石棉绳垫圈。为便于安装时调整垫圈的位置，垫圈上一般留一手柄。加垫圈时先在法兰面上涂一层白铅油，然后将垫圈端正地放置于两法兰盘之间，不允许出现偏移现象。在管路中心线和坡度符合设计要求后，将管路稳固，然后拧紧螺栓。拧紧螺栓时应上下、左右交替进行，以免法兰盘受力不平衡而使管路连接不紧密。

3. 承插连接

在铺设承插式管路时，一般是逆着沟槽的坡度进行，管路的承口向前，将管路的插口清理干净，插入已铺好的管路大头中。为保证接口质量，应除掉铸铁管承口端、插口端的沥青。沿直线铺设的承插铸铁管应留 4～8mm 轴向间隙，以满足管路伸缩的需要。承插口环形间隙要均匀，间隙中填塞油麻绳，每圈油麻绳应相互搭接，并压实打紧，打紧后的油麻绳填塞深度为承插深度的 1/3。外口用石棉水泥或膨胀水泥填塞，深度约为接口深度的 1/2～2/3，需分层填塞打实，如图 7-25（a）所示。

承插式混凝土管的接口使用橡胶圈密封，如图 7-25（b）所示。橡胶圈不应有气孔、裂痕、重皮及老化等缺陷，橡胶圈的内径与管路插口外径之比宜为 0.85～0.9，安装时橡胶圈套在插口上，不能有松动、扭曲、断裂等现象。

（三）立式轴流泵的管路安装

立式轴流泵没有进水管路，一般出水管路也比较短，安装时穿墙管与墙壁之间的空隙用水泥砂浆密封，以防管路和管内的水重传给水泵。泵房至出水池之间的管路，多铺设在墙后的回填土上，对墙后的回填土必须夯实，以免产生不均匀沉陷把管路折断。管路与出水池挡水墙接缝处应在回填土夯实后用砂浆填实封严，或在出水管路穿出泵房后设柔性接头。

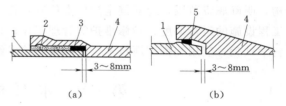

图 7-25 承插连接
(a) 填料止水；(b) 橡胶止水
1—插口；2—石棉水泥；3—油麻绳；
4—承口；5—橡胶圈

思 考 题 与 习 题

1. 机组安装的要求有哪些？
2. 机组安装时需要哪些工具和量具？
3. 安装前设备检查的内容有哪些？
4. 卧式机组基础浇筑的方法有几种？各适用于什么场合？
5. 卧式机组安装如何进行中心找正、水平找正和高程找正？
6. 卧式电动机安装时如何进行轴向和径向间隙的测量和调整？
7. 简述立式机组的安装程序。
8. 立式水泵安装的内容有哪些？
9. 立式电动机安装的内容有哪些？
10. 如何测量和调整电动机主轴轴线的摆度？
11. 管路安装有哪些要求？
12. 管路连接的方式有几种？各有什么要求？

第八章 泵站运行管理

泵站工程的兴建，为农田排灌和城乡供水创造了一个良好的基础条件，而管好用好泵站工程，充分发挥其应有的效益，更好地为农业和社会发展及国民经济各部门服务，还需要加强科学的管理。

泵站运行管理包括技术管理、经营管理等。泵站运行管理的主要内容和任务是根据 SL 255—2000《泵站技术管理规程》和国家的有关规定，制定泵站的运行、维护、检修、调度及安全等技术规程和规章制度；搞好泵站建筑物和机电设备等管理工作；完善管理机构，明确职责范围，建立健全岗位责任制，提高管理人员的素质；搞好泵站的机电设备和工程设施的运行调度、检修维护等管理工作；认真总结经验，开展技术改造、技术革新和科学试验、应用和推广新技术；按照泵站技术经济指标，考核泵站管理工作等。

第一节 水泵机组的运行

一、机组的试运行

泵站水工建筑物和机电设备安装、试验、验收完成后，正式投入运行之前，必须进行机组的试运行。

（一）试运行的目的和内容

1. 试运行的目的

（1）按照设计、施工、安装及验收等有关规程、规范及其他技术文件的规定，结合泵站的具体情况，对泵站土建工程及机电设备的安装进行全面、系统的质量检查和鉴定，作为评定工程质量的依据。

（2）通过试运行可及早发现遗漏及不完善的工作，发现工程和机电设备存在的缺陷，以便及早处理，避免发生事故，保证建筑物和机电设备安全可靠地投入运行。

（3）通过试运行考核主辅机械联合运行的协调性，掌握机电设备的技术性能和必要的技术参数，获得主要设备的特性曲线，为泵站正式投入运行作技术准备。

（4）在大、中型泵站或有条件的泵站，还可以结合试运行进行现场测试，以便对运行进行经济分析，满足机组运行低耗、高效的要求。

通过试运行可检验泵站土建和安装工程质量，为泵站工程的交接验收和正式投入运行作必要的技术准备。

2. 试运行的内容

为掌握机电设备的运行性能及联合运行的协调性，试运行的主要内容有：①机组充水试验；②机组空载试运行；③机组负载试运行；④机组自动开停机试验。

（二）试运行的程序

1. 试运行前的准备工作

成立试运行领导小组，拟定试运行程序及注意事项，组织试运行人员学习操作规程、安全知识。试运行前必须对泵站工程和机电设备进行全面检查，检查的主要内容如下。

（1）水工建筑物的检查包括：

1）检查各水工建筑物是否具备通水条件。

2）对泵站进、出水闸进行启闭试验，检查其密封性和可靠性。

3）流道的检查，应重点检查流道的光滑性和密封性。其步骤是：①清除流道内模板和钢筋头；②封闭进人孔和密封门；③流道充水，检查进人孔、阀门、混凝土结合面和转轮外壳有无渗漏现象；④抽真空检查真空破坏阀、水封等处的密封性；⑤在静水压力下，对检修闸门、快速闸门、工作闸门、阀门进行启闭试验，检查其密封性和可靠性。

（2）水泵的检查包括：

1）检查叶轮与泵壳之间的间隙在各方向上是否相同，否则易造成机组运行时的振动和汽蚀。

2）检查叶片与轮毂连接的是否牢固，各叶片的安装角度是否相同。

3）全调节水泵进行叶片角度调节试验。

4）技术供水、充水试验，检查水封渗漏是否符合规定，检查油轴承通水冷却和橡胶导轴承润滑情况。

5）检查油轴承油位及轴承的密封性。

（3）电动机的检查包括：

1）检查电动机定子与转子之间的间隙在各个方向上是否相同，间隙内是否有杂物，以防造成卡阻或电动机短路。

2）检查电动机线槽有无杂物，特别是金属导电物，防止电动机出现短路。

3）检查转动部分螺母是否紧固，以防运行时因振动引起松动，造成事故。

4）检查制动系统手动、自动的灵活性及可靠性，复归是否满足要求。

5）检查电动机转子上、下风扇角度是否满足要求，以保证为电动机提供最大冷却风量。

6）检查推力轴承及导轴承润滑油质、油位是否满足要求。

7）通冷却水，检查冷却器的密封性是否满足要求和示流信号的正确性。

8）检查轴承和电动机定子温度计是否符合设计要求。

9）检查碳刷与刷环接触的紧密性、刷环的清洁程度及碳刷在刷盒内动作的灵活性。

10）检查电动机的相序。

11）检查电动机一次设备的绝缘电阻，并记录测量时的环境温度。

（4）辅助设备的检查与单机试运行包括：

1）检查油压槽、回油箱及贮油槽油位，试验液位计动作的正确性。

2）检查和调整油、气、水系统的信号及执行元件动作的正确性。

3）检查压力表、真空表、液位计、温度计等是否正常。

4）对辅助设备进行单机运行，再进行联合运行，检查全系统的协联关系和各自的运行特点。

2. 机组空载试运行

（1）机组的第一次启动。经上述准备和检查合格后，即可进行第一次启动。第一次启动应采用手动方式。第一次启动一般为空载启动，空载启动是检查转动部件与固定部件是否有碰撞和摩擦，轴承温度是否正常，摆度、振动是否合格，各种仪表是否正常，油、气、水管路及接头、阀门等处是否渗漏，测定电动机启动特性等有关参数。

（2）机组停机试验。机组运行 4～6h，各项测试工作完成后，即可停机。机组停机应采用手动方式，停机时记录从停机到机组完全停止转动的时间。

（3）机组自动开、停机试验。开机前将机组的自动控制、保护等调试合格，即可进行机组自动启动和自动停机试验。

3. 机组负荷试运行

空载试运行合格后，即可进行机组负荷试运行。

（1）负荷试运行前的准备工作。

1）检查上、下游渠道内或拦污栅前后有无漂浮物。

2）打开平压阀，平衡闸门前后的静水压力。

3）打开进、出水侧工作闸门。

4）关闭检修闸阀。

5）油、气、水系统投入运行。

6）操作试验真空破坏阀，要求动作准确，密封严密。

7）将叶片调至开机角度。

（2）负荷运行。负荷启动用手动或自动均可。机组负荷试运行是检验机组和各种辅助设施的运行情况。运行 6～8h 后，若运行正常，可按正常情况停机，停机前记录各种运行参数。

4. 机组连续试运行

在具备连续运行的条件下，经试运行小组同意，可以进行机组连续试运行。

（1）单台机组运行一般应在 7 天内，累计运行 72h 或连续运行 24h。

（2）连续试运行期间，开机、停机不少于 3 次。

（3）全站机组联合试运行的时间，一般不少于 6h。

二、机组的运行

机组试运行以后，并经工程验收委员会验收合格，交付管理单位。管理单位接管后，按专业或工种对设备进行全面检查，电气设备作模拟试验等，机组即可投入正常运行。

（一）运行方式

一般根据水泵机组的规模、使用目的、使用条件及使用的频繁程度等确定水泵机组的运行方式。运行方式有手动操作和自动操作两类。

究竟采用何种运行方式，应视其泵站工程的重要性、设施的规模、作用、管理体制等确定。

（二）机组的运行及维护

1. 机组的运行

水泵机组的正确启动、运行与停机是泵站安全、可靠、经济运行的前提。掌握水泵机组的操作管理技术与掌握水泵机组的性能理论，对从事泵站管理的技术人员来说都是相当重要的。

（1）启动前的准备工作。水泵启动前应检查各处螺栓连接的完好程度，检查轴承中润滑油的油量、油质是否满足要求，检查闸阀、压力表、真空表上的旋塞是否处于合适的位置，供配电系统的设备和仪表是否正常等。

以上检查满足要求后，应进行盘车。所谓盘车就是用手转动机组的联轴器，凭经验感觉转动时的轻重和均匀程度，有无异常响声等。其目的是为了检查水泵和电动机有无转动零件松脱、卡住、杂物堵塞、泵内冻结、填料过松或过紧、轴承缺油或损坏及轴弯曲变形等现象。

对新安装的水泵或检修后首次启动的水泵，要进行转向检查。检查时可将联轴器松开（卧式机组），启动电动机，视其转向与水泵的转向是否一致，如果不一致可改接电源的相线，即将三根相线中的任意两根换接。

对于安装在进水池水面以上的离心泵、蜗壳式混流泵和卧式轴流泵进行充水。对于立式轴流泵和导叶式混流泵，由于叶轮淹没于水下，启动前不必充水，但其橡胶导轴承要引清水润滑。

（2）水泵的开机。准备工作就绪后，开启引水闸门，使前池达到设计水位，即可启动水泵。启动时，工作人员要离开机组一定的距离。

对于离心泵和蜗壳式混流泵，一般为闭阀启动，待机组转速达到额定值后，即可打开真空表和压力表上的阀，此时，压力表的读数应上升至水泵流量为零时的最大值，这时可逐渐打开压水管路上的闸阀。如无异常情况，此时真空表读数会逐渐增加，压力表读数应逐渐下降，电动机电流表读数应逐渐增大。启动工作待闸阀全部打开后，即告完成。在闭阀启动时应注意，闭阀运行时间一般不应超过 5min，如时间太长，泵内液体发热，可能造成事故。

对于立式轴流泵和导叶式混流泵，一般为开阀启动。一边充水润滑橡胶导轴承，一边就可启动电动机，待转速达到额定值后，停止充水，即完成了启动工作。

（3）运行中应注意的问题。

1）检查仪表工作是否正常、稳定。电流表的读数不允许超过电动机的额定电流，电流过大或过小都应及时停机检查。

2）检查流量计上读数是否正常，也可看出水管水流情况来估计流量。

3）检查轴封装置是否发热、滴水是否正常。滴水应呈滴状，以 30～60 滴/min 滴出。滴水情况反映了填料的压紧程度，运行中可调节填料压盖螺栓来控制滴水量。

4）检查水泵与电动机的轴承温升。轴承温升一般不得超过周围环境温度 35℃，轴承最高温度不得超过 75℃。在无温度计时，也可用手触摸，如感到烫手，应停机检查。

5）经常监听机组的振动和噪声情况，如过大应停机检查。

6）油环应自由地随泵轴做不同步的转动。

7）记录水位、流量、扬程、电流、电压、功率因数、耗电量、温度等技术数据，并定期进行分析，为泵站管理和经济运行提供科学的依据。

8）严格执行岗位责任制和安全操作规程。

2. 运行中的故障分析及处理

水泵运行发生故障时，应查明原因及时排除。水泵运行的故障很多，处理的方法也各不相同，水泵的常见故障和排除方法见表8-1、表8-2。

表 8-1　　　　　　　　　　离心泵、混流泵的故障原因和处理方法

故障现象	原　因	处　理　方　法
水泵不出水	1. 没有灌满水或空气未抽净 2. 泵站的总扬程太高 3. 吸水管路或轴封装置漏气严重 4. 水泵的旋转方向不对 5. 水泵转速太低 6. 底阀锈死、进水口或叶轮的槽道被堵塞 7. 吸程太大 8. 叶轮严重损坏，减漏环间隙磨大 9. 叶轮螺母及键脱出 10. 吸水管路安装不正确，造成管路中存有气囊 11. 叶轮装反	1. 继续灌水或抽气 2. 更换较高扬程的水泵 3. 堵塞漏气部位，压紧或更换填料 4. 改变旋转方向 5. 提高水泵转速 6. 修理底阀，清除杂物，进水口加拦污栅 7. 降低水泵安装高程，或减少吸水管路上的阀件 8. 更换叶轮、减漏环 9. 修理紧固 10. 改装吸水管路 11. 重装叶轮
水泵出水量不足	1. 影响水泵不出水的诸多因素不严重 2. 吸水管口淹没深度不足，泵内吸入空气 3. 工作转速偏低 4. 闸阀开得太小或止回阀由杂物堵塞	1. 参照水泵不出水的原因，进行检查分析，加以处理 2. 增加淹没深度，或在吸水管周围水面处套一块木板 3. 加大配套动力 4. 开大闸阀或清除杂物
动力机超负荷	1. 配套动力机的功率偏小 2. 水泵转速过高 3. 泵轴弯曲，轴承磨损或损坏 4. 填料压得过紧 5. 流量太大 6. 联轴器不同心或联轴器之间间隙太小 7. 关阀时间长，产生热膨胀，减漏环摩擦	1. 调整配套，更换动力机 2. 降低水泵转速 3. 校正调直泵轴、修理或更换轴承 4. 放松填料压盖 5. 减小流量 6. 校正同心度或调整联轴器之间的间隙 7. 执行正常操作程序，遇有故障立即停机检查
运行时有噪声和振动	1. 水泵基础不稳固或底脚螺栓松动 2. 叶轮损坏、局部被堵塞或叶轮本身不平衡 3. 滑动轴承的油环可能折断或卡住不转 4. 联轴器不同心 5. 吸水管口淹没深度不足，水泵吸入空气 6. 产生汽蚀	1. 加固基础，旋紧螺栓 2. 修理或更换叶轮，清除杂物或进行平衡试验调整 3. 校正调直泵轴、修理或更换轴承 4. 校正同心度 5. 增加淹没深度 6. 查明汽蚀原因再处理
轴承发热	1. 润滑油量不足，漏油太多或加油过多 2. 润滑油质量不好或不清洁 3. 滑动轴承的油环可能折断或卡住不转 4. 轴承装配不正确或间隙不当 5. 泵轴弯曲或联轴器不同心 6. 轴向推力增大，由摩擦引起发热 7. 轴承损坏	1. 加油、修理或减油 2. 更换合格的润滑油，并用煤油或汽油清洗轴承 3. 修理或更换油环 4. 修理或调整 5. 调直泵轴或校正同心度 6. 查明轴向推力大的原因，进行处理 7. 修理或更换

续表

故障现象	原　　因	处　理　方　法
轴封装置热 或漏水过多	1. 填料压得过紧或过松 2. 水封环位置不对 3. 填料磨损过多或轴套磨损 4. 填料质量太差或缠法不对 5. 填料压盖与泵轴配合公差小，或因轴承损坏、泵轴不直，造成泵轴与填料压盖摩擦而发热	1. 调整压盖的松紧程度 2. 调整水封环的位置，使其正好对准水封管口 3. 更换填料或轴套 4. 更换或重新缠填料 5. 车大填料压盖内径、调换轴承、调直泵轴
泵轴转不动	1. 泵轴弯曲，叶轮和减漏环间间隙太小或不均匀 2. 填料与泵轴干摩擦，发热膨胀或填料压盖压得过紧 3. 轴承损坏被金属碎片卡住 4. 安装不符合要求。转动与固定部件失去间隙 5. 转动部件锈死或被堵塞	1. 校直泵轴，更换或修理减漏环 2. 泵壳内灌水，待冷却后再进行启动或调整压盖螺栓的松紧度 3. 更换轴承并清除碎片 4. 重新装配 5. 除锈或清除杂物

表 8－2　　　　　　　　　　　**轴流泵的故障原因和处理方法**

故障现象	原　　因	处　理　方　法
动力机 超负荷	1. 扬程过高，压水管路部分堵塞或拍门未全部开启 2. 水泵转速过高 3. 橡胶轴承磨损，泵轴弯曲，叶轮外缘与泵壳有摩擦 4. 水泵叶片绕有杂物 5. 叶片安装角度太大 6. 电动机不配套，泵大机小 7. 水源含沙量太大，增加水泵轴功率	1. 增加动力，清理压水管路或拍门设置平衡锤 2. 降低水泵的转速 3. 调换橡胶轴承，校直泵轴，检查叶片磨损程度，重新调整安装 4. 清除杂物，进水口加格栅 5. 调整叶片安装角度 6. 重新选择水泵或电动机 7. 含沙量超过 12%，则不宜抽水
运转时有噪声 和振动	1. 叶片外缘与泵壳有摩擦 2. 泵轴弯曲或泵轴与传动轴不同心 3. 水泵或传动装置地脚螺栓松动 4. 部分叶片击碎或脱落 5. 水泵叶轮绕有杂物 6. 水泵叶片安装角度不一 7. 水泵层大梁振动很大 8. 进水流态不稳定，产生漩涡 9. 推力轴承损坏或缺油 10. 叶轮拼紧螺母松动或联轴器销钉螺帽松动 11. 泵轴轴颈或橡胶轴承磨损 12. 产生汽蚀	1. 检查并调整转子部件的垂直度 2. 校直泵轴，调整同心度 3. 加固基础，旋紧螺栓 4. 调换叶片 5. 清除杂物，进水口加格栅 6. 校正叶片安装角度使其一致 7. 检查机泵安装位置正确后如果仍振动，用顶斜撑加固大梁 8. 降低水泵安装高程，后墙加隔板，各泵之间加隔板 9. 修理轴承或加油 10. 检查并拼紧所有螺帽和销钉 11. 修理轴颈或更换橡胶轴承 12. 查明原因后再处理，如改善进水条件、调节工况

故障现象	原　因	处　理　方　法
水泵不出水或出水量减少	1. 叶轮旋转方向不对，叶轮装反或水泵转速太低 2. 叶片从根部断裂，或叶片固定螺母松动，叶片走动 3. 叶片绕有大量杂物 4. 叶轮淹没深度不足 5. 水泵进口被淤泥堵塞 6. 压水管路堵塞 7. 叶片外缘磨损或叶片部分击碎 8. 扬程过高 9. 叶片安装角度太小	1. 调整水泵的旋转方向，调整叶片的安装位置或增加水泵转速 2. 更换叶轮或紧固螺帽 3. 清除杂物 4. 降低水泵安装高程或抬高进水池水位 5. 清淤 6. 清理压水管路 7. 修补或更换叶轮 8. 更换水泵 9. 调整叶片安装角度

3. 机组的停机

对压水管路上装有闸阀的水泵，停机前应逐渐关闭压水管路上的闸阀，实行闭阀停机。然后，关闭真空表和压力表上的阀，把电动机和水泵上的油和水擦净。在无采暖设备的泵房中，冬季停机后，要将水泵及管路内的水放尽，以防止水泵和管路冻裂。同时清扫现场，保持清洁。做好机组和设备的保养工作，使机组处于随时可以启动的状态。

三、水锤防治

由于出水管路中流速的急剧变化，引起管路中水流压力急剧交替升高和降低的水力冲击现象称为水锤现象或水击现象。

泵站水锤有启动水锤、关阀水锤和停泵水锤。只要按照正常的操作程序启动水泵，不至于引起造成危害的启动水锤，只是在空管情况下，当管中空气不能及时排出而被压缩时才会加剧水流压力的变化。关阀水锤在正常操作时也不会引起过大的水锤压力。而由于突然停电或误操作造成的事故停泵所产生的泵站水锤往往数值较大，一般可达正常压力的1.5～4倍或更大，使管路破裂，造成大量泄水，淹没泵房和设备，危害很大。

水锤的危害在高扬程泵站或输水距离较长的供水泵站尤为突出。因为高扬程泵站或供水泵站扬程高、出水管路长，管路中存水量大，水流的倒泄压力也大。因此，泵站水锤的防治应作为一项重要的技术问题。在新建泵站规划设计时，泵站出水管路系统应满足各种可能出现的正常和非正常运行工况下最大压力水头的要求或采取必要的防治措施，并应注意管线布置、管中流速、闸阀选择和阀门关闭的时间等。而对已建泵站水锤的防治更应重视，因为这些泵站中露天铺设的管路，受风雨侵蚀，锈蚀剥落；内部水流带动泥沙颗粒摩擦管壁、管内锈蚀，随着时间的推移，管壁逐渐变薄，已不能承受原来可以承受的内水压力，再加上运行中水锤压力使其膨胀，管路破裂几率更大，所以要采取水锤的防治措施。

目前水锤防治措施较多，现对常用的措施简介如下。

1. 压力罐

压力罐一般用于流量小、扬程高的水泵机组。压力罐为圆形筒状，安装于逆止阀之后的出水管路上。当水泵正常运行时，出水管路中的水压力使罐内空气压缩，水泵停机时，由于出水管路中的压力降低，罐内空气迅速膨胀，下部的水体迅速补给出水管路，以防止管内出现负压；当逆止阀关闭时，管路中压力升高，一部分水体进入压力罐，抬高罐中水位，压缩罐中空气，从而减少出水管路中的压力升高。

2. 调压塔

调压塔是一种缓冲式的水锤防护设施，当管路中压力降低时，可迅速给管路补水，防止出水管路中产生负压，同时也可减少出水管路中的压力上升。

调压塔建在管路中可能产生负压的部位。调压塔在水泵启动、运行和停机过程中，塔内水位变化不大，且压力波可在调压塔内被反射回上游侧，但应有足够大的断面面积和容积，以防在补水过程中将塔内水泄空而使空气进入主管路。

3. 缓闭阀

普通逆止阀由于阀板关闭的时间短，引起很大的水锤升压值。缓闭式逆止阀是靠缓冲机构使逆止阀的阀板缓慢关闭的泄水式水锤防护设备，主要用于防止管路系统的压力上升。

缓闭式逆止阀由带大、小排油孔的阻尼油缸、活塞等组成。事故停机时，管路中水流开始倒流，旋启式阀板在自重和倒流水的作用下开始关闭，当关闭到一定开度时，阻尼油缸的排油孔转换成小孔，排油速度迅速降低，形成阻尼，使阀板缓慢关闭，从而减轻阀板对阀座的撞击及管内水锤压力的上升。另外，正常运行时阀板重量用杠杆平衡，减少了阀板对水流的阻力，使水流过逆止阀的水头损失大为减少。

4. 空气阀

空气阀又称进排气阀，当管路内压力低于大气压时吸入空气，高于大气压时排出空气。这种阀不允许液体流出管路外，在排除管路中的空气后具有自动关闭的功能。通常装在长输水管路高处或明显的凸起部位。

空气阀具有结构简单、造价低、安全方便、不受安装条件的限制等优点。

5. 水锤消除器

水锤消除器主要用于防止压力的升高。它安装在逆止阀的出水侧，停泵后先是管中压力降低，阀瓣落下，排水口打开；随后管中压力升高，管路中部分高压水由排水口泄出，从而达到减少压力增加，保护管路的目的。

6. 通气管

对于扬程较低、压水管路较短的轴流泵、混流泵，一般采用拍门断流。为排出管路内空气对机组启动时的影响，减少停机时拍门关闭的冲击力，一般应设置通气管。对启动前需充水的机组，应在通气管上设闸阀，机组充水时将闸阀关闭，机组启动投入正常运行后应打开闸阀。通气管的高度应高于压力池的最高水位。

水锤防治的措施比较多，还有许多其他的方式，要根据泵站的具体情况，选择适宜的防治措施。

四、机组的检修

水泵机组的检修是运行管理中的重要环节，是保证机组安全、可靠、经济运行的关键，必须认真对待。

（一）机组检修的目的和要求

为保证机组处于良好的技术状态，更好地为工农业生产和人民生活用水提供服务，对泵站中所有的机电设备，必须进行正常的检查、维护和修理，更新那些难以修复的易损件，修复那些可以修复的零部件。通过维护修理可及时发现问题，消除隐患，预防事故，保证机组运行的可靠性、稳定性，提高设备的完好率和利用率，延长其使用寿命。

通过对机组的维护和检修，还可发现设计、制造中存在的问题，积累经验，为泵站设计、提高泵站管理水平、泵站更新改造、新建泵站安装施工提供有益的资料和科学依据。

机组检修既是管理工作的关键，又是安全运行的基础。因此，对检修工作提出如下要求。

（1）建立健全检修组织机构，确保检修工作的顺利进行。所有机电设备都须经过考核的技术人员和技术工人进行维修，严禁违章操作。

（2）按设备维护、保养制度或规程规范所规定的期限进行检修，严格执行标准，使主机和辅助设备处于良好的技术状态。

（3）编制详细的检修计划，做好检修前的准备工作，认真填写检修记录，全面收集整理检修项目所耗材料、备品配件、资金等，为逐步实行定额管理积累资料。

（4）坚持高标准完成检修任务，积极进行技术、经济承包责任制，加强检修工作的技术检查和经济核算。

（5）检修工作要认真执行安全操作规程，指定专人负责安全工作。

（二）机组检修

1. 日常维护

日常维护是机组安全、正常运行的保证。所以，它是消除和防止机组运行过程中发生事故的有计划的维护。日常维护的主要内容如下。

（1）检查并处理易于松动的螺栓或螺母。如拍门铰座螺栓、轴销、销钉等，水泵轴封装置填料的松紧程度，空气压缩机阀片等。

（2）油、水、气管路接头，阀门渗漏处理。

（3）电动机碳刷、滑环、绝缘等的检查处理。

（4）检查拦污栅前有无阻水杂物。

（5）保持电动机干燥，检测电动机绝缘。

（6）检修闸门吊点是否牢固，门侧有无卡阻物、锈蚀及磨损情况。

（7）闸门启闭设备维护。

（8）吊车维护。

（9）机组及设备清洁。

2. 定期检修

定期检修是避免小缺陷变成大缺陷，小问题变成大问题的重要措施，是为延长机组使用寿命、提高设备完好率、节约能源创造条件。

定期检修又分局部性检修、机组大修和扩大性大修三种。

（1）局部性检修。一般安排在运行间隙或冬季检修期有计划地进行。局部检修的项目主要有。

1）全调节水泵调节器铜套与油套的检查处理。

2）水泵导轴承的检查。对橡胶轴承的磨损情况、漏水量、轴颈磨损等要检查、记录、处理。油导轴承多数是巴氏合金轴承、质软易磨损，如密封效果不好，停机油盆进水，泥沙沉淀，运行时磨损轴承、轴颈。特别是对未喷镀或镶包不锈钢的碳钢轴颈，为了解其锈蚀、磨损情况，应定期检查处理。

3）温度计、仪表、继电保护装置等检查、检验。

4）上、下导轴承油槽油位及透平油取样化验。

5）轴瓦间隙及瓦面检查。根据运行时温度计的温度，有目的检查轴瓦间隙和轴面情况。

6）制动部分检查处理。

7）机组各部分紧固件，如地脚螺栓、连接螺栓、轴键、定位销钉是否松动。

8）油冷却器外观检查并通水试验，看有无渗漏现象。

9）检查叶轮、叶片及叶轮外壳的汽蚀情况和泥沙磨损情况，并测量记录其程度。

10）测量叶片与叶轮外壳的间隙。

（2）机组大修。是一项有计划的管理工作，通过大修恢复机组的技术状况。

机组的损坏一是事故损坏，发生的几率很小。二是正常性损坏，如运行的摩擦磨损、汽蚀损坏、泥沙磨损、各种干扰引起的振动、交变应力的作用和腐蚀、电气绝缘老化等。

（3）扩大性大修。当泵房由于基础不均匀沉陷等而引起机组轴线偏移、垂直同心度发生变化；或零部件严重磨损、损坏，导致机组性能及技术经济指标严重下降而必须进行整机解体、重新修复、更换、调整并进行部分改造。

3. 大修周期

机组的大修周期根据机组的运行条件和技术状况来确定。SL 255—2000《泵站技术管理规程》规定大修周期为：主水泵为 3～5 年或运行 2500～15000h；主电动机为 3～8 年或运行 3000～20000h。并可根据情况提前或推迟大修。

在确定大修周期和工作量时，应注意以下几方面。

（1）如果没有特殊要求，尽量避免拆卸技术性能良好的部件和机构。

（2）应尽量延长检修周期。要根据零部件的磨损情况、类似设备的运行经验、设备运行时的性能指标等确定大修的周期。当有充分把握保证机组正常运行时，可不安排大修。也不能片面地追求延长大修周期，而不顾某些零部件的磨损。因此，大修应有计划地进行，以保证机组正常运行。

（3）尽量避免拆卸机组的所有部件或机构，特别是精度、光洁度、配合要求高的部件、机构。

（三）水泵的拆卸

1. 水泵拆卸的注意事项

（1）要准备好放置零部件的工作台，也可摆放在木板上，切忌乱扔、乱放。

（2）要合理使用专用工具。

（3）拆卸配合紧密的零部件时，要垫好木块再用锤子敲打，禁止用大锤猛击零部件。

（4）必须保持结合面、摩擦面和光洁加工面的清洁，绝不能碰伤和损坏。

2. 单级单吸离心泵的拆卸

（1）泵盖的拆卸

泵盖用螺栓与泵体连接在一起，拧下螺母即可拆卸泵盖。

（2）叶轮的拆卸

拆卸叶轮时用专用扳手朝着和叶轮旋转相同的方向拧下叶轮螺母，取下止退垫圈，叶轮即可拆下来。若拆不下来，可用套管套住轴头，用手锤轻轻敲打套管头，叶轮松动后就可拆卸，如叶轮锈在轴上，用煤油浸洗后再拆。

（3）联轴器（皮带轮）的拆卸

联轴器（或皮带轮）用键固定在泵轴上。拆卸时用专用工具（拉子）把联轴器（或皮带轮）慢慢地从轴端拉下来，拆卸联轴器时丝杠要顶正水泵轴头，使联轴器（皮带轮）受力均匀，不要被拉钩拉裂，更不能用铁锤猛击，以免造成泵轴、轴承和联轴器损坏。

（4）泵壳和轴封装置的拆卸

把填料压盖松开，然后将泵壳与托架间的螺栓拧下，即可拆开泵壳。再用铁丝从轴封装置中将填料和水封环钩出，从泵轴上取下轴套和挡水圈。

（5）轴和轴承的拆卸

先拆卸轴承盒上前后两个轴承盖，然后用木块垫在装叶轮的轴端，用锤子轻打，就可把泵轴和轴承一起拆卸。一般用拉子从轴上取下轴承，注意拉子的钩要抓住轴承的内圈，否则容易将轴承拉坏。

3. 双吸离心泵的拆卸

拆卸双吸离心泵不需拆进、出水管路和电动机，只要打开泵盖即可。

（1）泵盖拆卸

先松开泵盖两端的填料压盖，把填料压盖向两边拉开，然后松开泵盖上的螺母，泵盖即可拆卸。

（2）联轴器的拆卸

联轴器拆卸在泵盖拆卸前后都可进行。

（3）转子的拆卸

先拆卸泵轴两端的轴承与轴承盖两端的螺母，将两个轴承体卸下，用专用工具松开压向轴承的两个圆螺母。用拉子拉下两端的滚动轴承。拆卸滚动轴承后，将轴承盖、护环、填料压盖、水封环、填料套等零件从泵轴上退下，然后将轴套拆卸。最后用压力机将叶轮压出。如果没有压力机，可将叶轮放平垫好，用木锤将叶轮轻打退下。

4. 蜗壳式混流泵的拆卸

先拆卸泵盖，再用专用扳手松开轴头反向螺母，拆卸止退垫圈，拆卸叶轮。把皮带轮旁的锁紧螺母拆下，再用拉子将皮带轮从泵轴上拉下来。放出轴承体内的润滑油，将轴承体与泵体的连接螺栓松开，就可把轴承体连同泵轴一起取下，从泵轴上取下填料压盖并退出轴套，抽出泵轴后即可钩出填料。接着进行轴承体的拆卸，先把轴承和填料压盖拆卸，再拆轴承前后两只轴承端盖，把轴和轴承一起从轴承体内退出，然后用拉子从轴上拆卸轴承。

5. 轴流泵的拆卸

拆卸进水喇叭口，松开导水锥上的六角螺母，拆卸导水锥，把横闩旋转一个角度，即可把叶轮拆卸下来，拆卸叶轮时，需用专用工具把两个固定叶轮的轴头螺母松开，拆卸叶轮时不要用锤子敲打叶片，以防止叶片损坏。叶轮拆卸后把泵轴抽出，松开导叶体与泵座的连接螺栓，就可取出导叶体；再用套管扳手把橡胶轴承与导叶体的连接螺栓松开，取出下橡胶导轴承。再拆弯管上的填料压盖，钩出填料，松开连接螺栓，拆卸轴封装置，最后取出上橡胶导轴承。

（四）水泵拆卸后的清洗和检查

水泵检修时对拆卸下的零部件应进行清洗和检查，主要包括如下内容。

（1）清洗水泵和法兰盘结合面上的油垢和铁锈，清洗拆下的螺栓、螺母。

（2）清除叶轮内外表面和减漏环等处的水垢、沉积物及铁锈，要特别注意叶槽内的水垢。

（3）清洗泵壳内表面，清洗水封管、水封环，检查其是否堵塞。

（4）用汽油清洗滚动轴承，清除滑动轴承上的油垢，用煤油清洗并擦干。

（5）橡胶轴承应清洗干净，然后涂上滑石粉，橡胶轴承不能用油类清洗。

（6）在清洗过程中，对水泵各零部件应做详细的检查，以便确定是否需要修理或更换。

1）检查泵壳内部有无磨损或因汽蚀破坏而造成的沟槽、孔洞，检查水泵外壳有无裂纹。

2）检查叶轮有无裂纹和损伤，叶片和轮盘有无因汽蚀和泥沙磨蚀的砂眼、孔洞，或因磨损使叶片变薄，检查叶轮进口处是否有严重的偏磨现象。

3）检查减漏环和叶轮进口外缘间的径向间隙是否满足要求，减漏环是否有断裂、磨损或变形。

4）检查水泵轴、传动轴是否弯曲，轴颈处有无磨损或沟痕。

5）检查轴承。对滚动轴承要检查滚珠是否破坏或偏磨，内外圈有无裂纹，滚珠和内外圈之间的间隙是否满足要求。对滑动轴承应检查轴瓦有无裂纹或斑点，检查轴瓦的磨损程度以及轴与轴瓦之间的间隙是否满足要求。对橡胶导轴承应检查有无偏磨，有无变质发硬。

6）检查填料是否需要更换，填料压盖有无裂纹、损伤。

（五）水泵主要部件的修理

1. 泵壳的修理

泵壳一般用生铁铸造，因受到各种力的作用有可能出现裂缝，或因汽蚀出现蜂窝孔洞。如果损坏严重，应更换，如损坏程度较轻，可进行修补。

在修补泵壳时一般用冷焊的方法，焊补时要用生铁焊条，分段、分层堆焊，每焊一层要把表面浮渣和杂质清除干净。每堆焊一段用小锤敲击一段，以消除焊接内应力，防止变形。

若泵壳内部发现深槽或大面积的孔洞，用环氧树脂等高分子材料进行涂敷，效果很好。

2. 泵轴的修理

如果泵轴有裂缝或表面有较严重的磨损，当影响泵轴的强度时应更换新轴。如泵轴有轻微弯曲或轻微磨损、拉沟等，应进行修复。

（1）轴颈拉沟及磨损后的修理

采用滑动轴承的泵轴轴颈，因润滑不良或润滑油带进铁屑、砂粒等而使泵轴轴颈擦伤或磨出沟痕，橡胶导轴承处的轴颈磨损等，一般采用镀铬、镀铜、镀不锈钢进行修复，然后用车或磨的方法加工成标准直径。

（2）泵轴弯曲的修理

对直径较小的泵轴可在弯曲处垫上铜片，用手锤敲打校直；对直径较大、弯曲不严重的泵轴，可用螺杆校正器校直。

（3）轴螺纹的修理

泵轴端部螺纹损伤较轻时可用什锦锉把损伤螺纹锉修后继续使用。如果损伤严重，先把泵轴端车小，再压上一个衬套，在衬套上车出螺纹；也可用电、气焊在泵轴端螺纹处堆焊，再车削出螺纹。

（4）键槽修理

如键槽表面较粗糙，且损坏不严重时，可用锉刀修光即可。如损坏较重，可把旧槽焊补上，在别处另开新槽。但对传动功率较大的泵轴必须更换新轴。

3. 轴承的修理

轴承在水泵运行中承受比较大的荷载，是水泵中比较容易损坏的零件之一。

（1）滚动轴承

滚动轴承使用时间较长或因维护安装不良，将造成磨损、支架损坏、座圈破裂、滚珠破碎及滚珠和内外圈之间的间隙过大等，一般均需更换新轴承。

（2）滑动轴承的修理

滑动轴承的轴瓦用巴氏合金铸造，是最容易磨损或烧毁的零件，当轴瓦合金表面的磨损、擦伤、剥落和熔化等大于轴瓦接触面积的 25％ 时，应重新浇铸轴承合金（巴氏合金）。当低于 25％ 时可以补焊，补焊时所用的巴氏合金必须和轴瓦上的巴氏合金牌号相同。另外，如果轴瓦出现裂纹或破裂等，必须重新浇铸轴承合金。

轴流泵上的橡胶轴承，由于磨损或发硬变质后需要更换。

4. 叶轮的修理

水泵的叶轮由于受泥沙磨蚀，常形成沟槽或条痕，有时因受汽蚀破坏，叶片出现蜂窝状孔洞。如果叶轮表面裂纹严重，有较多的砂眼或孔洞，因磨蚀而使叶轮壁变薄，影响到叶轮的机械强度和叶轮的性能；叶片被固体杂物撞伤或叶轮入口处有严重的偏磨时，应更换新叶轮。如果对水泵的性能和叶轮本身的强度影响不大，可以用焊补的方法进行修理。焊补后要用砂轮打平，并做静平衡试验。在更换轴流泵叶片时，应全套一起更换，在更换前应对每个叶片进行称重，并应注意叶片的安装角度要一致，以免引起轴流泵运行时的振动。

5. 轴封装置的修理

轴封装置包括轴套和填料两部分。

（1）轴套修理

轴封装置的轴套（无轴套时则为泵轴），磨损较大或出现裂痕时应更换新套，若无轴套，可将轴颈加工镶套。

（2）填料

填料大多采用断面为方形的浸油石棉绳，安装前应切割好，每圈两端可采用对接口或斜接口，各圈的接口应错开 120°。填料安装前在机油内浸透，逐圈装入。填料压盖、挡环、水封环磨损过大或出现沟痕时，均应更换新件。

6. 减漏环的修理

如果减漏环已破裂，或与叶轮的径向间隙过大时，应更换新件。

新减漏环内径应按叶轮进口外径确定，叶轮与减漏环之间的间隙为 0.1～0.5mm。

第二节 泵站技术经济指标

为提高泵站的科学管理水平，提高泵站的运行效率，降低泵站的能源消耗，充分发挥泵站的效益，SL 255—2000《泵站技术管理规程》中提出了如下技术经济指标。

一、工程完好率

工程完好率是指泵站管理单位所辖工程中，完好工程数与工程总数之比的百分数，其计算公式为

$$K_{g0} = \frac{n_g}{n} \times 100\% \tag{8-1}$$

式中　　K_{g0}——工程完好率，%；

　　　　n_g——完好的工程数；

　　　　n——总工程数。

一般泵站的工程完好率应在 80% 以上。

二、设备完好率

设备完好率是指泵站机组完好台（套）数与总台（套）数之比的百分数，其计算公式为

$$K_{ab} = \frac{N_j}{N} \times 100\% \tag{8-2}$$

式中　　K_{ab}——设备完好率，%；

　　　　N_j——机组完好的台（套）数；

　　　　N——机组总台（套）数。

设备完好率，对于电力泵站不应低于 90%，对于内燃机泵站不应低于 80%。

三、装置效率

装置效率是指抽水装置输出功率与输入功率之比的百分数，其计算公式为

$$\eta_{sy} = \frac{P_2}{P_1} \times 100\% = \frac{\rho g Q H_{sy}}{1000 P_1} \times 100\% \tag{8-3}$$

式中　　η_{sy}——装置效率，%；

　　　　P_2——某一时段抽水装置的输出功率，kW；

　　　　P_1——同一时段抽水装置的输入功率，kW；

　　　　ρ——同一时段泵站水源水的密度，kg/m³；

Q——同一时段泵站的平均提水流量，m^3/s；

H_{sy}——同一时段泵站的平均装置扬程，m。

抽水装置的效率应根据水泵的类型、平均装置扬程和水源的含沙量按以下规定取值。

（1）装置扬程在 3m 以上的大、中型轴流泵站与混流泵站的装置效率不宜低于 65%；装置扬程低于 3m 的泵站不宜低于 55%。

（2）离心泵站抽清水时，其装置效率不宜低于 60%；抽浑水（含沙水流）时，其装置效率不宜低于 55%。

四、能源单耗

能源单耗是指水泵每提水 1000t，提高 1m，所消耗的能量，其计算公式为

$$e = \frac{E}{3.6\rho Q H_{st} t} \tag{8-4}$$

式中　e——能源单耗，$kW \cdot h/(kt \cdot m)$ 或燃油 $kg/(kt \cdot m)$；

E——泵站运行某一段时段消耗的总能量，$kW \cdot h$ 或燃油 kg；

H_{st}——同一时段平均泵站扬程，m；

t——同一时段泵站运行总时数，h。

泵站能源单耗指标对于电力泵站能源单耗不应大于 $5kW \cdot h/(kt \cdot m)$；对于内燃机泵站能源单耗不应大于 $1.35kg/(kt \cdot m)$。

五、泵站的供排水成本

泵站的供排水成本包括：电（油）费、水资源费、工资、管理费、维修费、固定资产折旧、大修理费等。泵站工程固定资产折旧率和大修理费，应按 SL 255—2000《泵站技术管理规程》附录 B 的规定计算。供排水成本核算有三种方法，各泵站可根据具体情况选择适宜的核算方法。

（1）按单位面积计算

$$U = \frac{f\sum E + \sum C}{\sum A} \quad [元/（亩 \cdot 次）或元/（亩 \cdot 年）] \tag{8-5}$$

（2）按单位水量计算

$$U = \frac{f\sum E + \sum C}{\sum V} \quad (元/m^3) \tag{8-6}$$

（3）按千吨米计算

$$U = \frac{1000(f\sum E + \sum C)}{\sum G H_{st}} \quad [元/(kt \cdot m)] \tag{8-7}$$

式中　f——电价，元/$(kW) \cdot h$ 或燃油单价，元/kg；

$\sum E$——供排水作业消耗的总电能，$kW \cdot h$ 或燃油量，kg；

$\sum C$——除能源费外，其他六项成本费用的总和，元；

$\sum A$——供排水的实际受益面积，亩；

$\sum G$、$\sum V$——供排水期间的总提水量，t 或 m^3；

H_{st}——供排水作业期间平均泵站扬程，m。

六、单位功率效益

单位功率效益分为单位功率灌溉效益和单位功率排水效益。

1. 单位功率灌溉效益

（1）单级泵站灌溉效益

$$\alpha_g = \frac{A_s H_{st}}{\sum P} (亩 \cdot m/kW) \qquad (8-8)$$

（2）多级泵站灌溉效益

$$\alpha_g = [A_{s1} H_{st1} + A_{s2}(H_{st1} + H_{st2}) + \cdots + A_{sn}(H_{st1} + H_{st2} + H_{st3} + \cdots + H_{stn})]$$
$$\div (\sum P_1 + \sum P_2 + \sum P_3 + \cdots + \sum P_n) \qquad (8-9)$$

2. 单位功率排水效益

$$\alpha_t = \frac{\rho G H_{st}}{1000 \sum P} (kt \cdot m/kW) \qquad (8-10)$$

式中　α_g——单位功率灌溉效益，亩·m/kW；

α_t——单位功率排水效益，kt·m/kW；

G——泵站某时段的提水总量，m^3；

ρ——同一时段泵站所提水的密度，kg/m^3；

H_{st}——同一时段平均泵站扬程，对排水站或向明渠送水的泵站取泵站平均扬程，对直接向管网送水的泵站取水泵平均扬程，m；

$\sum P$——泵站总装机功率，kW；

A_{s1}、A_{s2}、$\cdots$、A_{sn}，H_{st1}、H_{st2}、$\cdots$、H_{stn}，$\sum P_1$、$\sum P_2$、$\cdots$、$\sum P_n$——一级、二级、$\cdots\cdots$ n 级泵站的实际受益面积（亩）、平均泵站扬程（m）和装机功率（kW）。

七、安全运行率

安全运行率是指机组安全运行台时数与包括机组停机在内的总台时数之比的百分数，其计算公式为

$$K_a = \frac{t_a}{t_a + t_s} \times 100\% \qquad (8-11)$$

式中　K_a——安全运行率，%；

t_a——主机组安全运行台时数，h；

t_s——因设备和工程事故主机组停机台时数，h。

安全运行率对于电力泵站不应低于 98%，对于内燃机泵站不应低于 90%。

第三节　泵站经济运行

农田排水和灌溉泵站的流量随作物种植情况、水文、气象等因素的逐年变化而变化；城市供水的泵站随着城镇化水平和居民生活水平的提高、工业企业的发展，需水量逐年增加，泵站的供水量也增加。而泵站流量的大小，取决于泵站的扬程、水泵的性能及开机台数等因素。另外，扬程变化后水泵的流量、效率、泵站效率、运行时间、耗电及运行费用等都将发生变化。因此，制定泵站的运行方案就是在满足所需流量的前提下，合理确定水泵的运行方式、开机台数和顺序。

一、泵站经济运行方案

泵站的经济运行方案,根据不同泵站的实际情况有多种,主要有。

(1) 按水泵效率最高的运行方案。

(2) 按泵站效率最高的运行方案。

(3) 按泵站能耗最少的运行方案。

(4) 按泵站运行成本最低的运行方案。

(5) 按泵站流量最大(满负荷)的运行方案。

对于水泵选型配套合理,进、出水建筑物及管路设计合理的泵站,水泵效率最高对应的工况点与泵站效率最高对应的工况点相差很小。因此,可以认为按水泵效率最高的运行方式可以获得较高的泵站效率。而对于水泵选型配套,进、出水建筑物及管路设计不太合理的泵站,水泵效率最高时,管路效率、动力机效率、进、出水池效率不一定最高,泵站效率也不一定最高。因此,这时按泵站效率最高的运行方式,泵站运行的成本最低,能源消耗的最少。由此可以看出,泵站效率最高、泵站能耗最少和泵站运行成本最低的运行方式所表达的含义是一致的,可根据泵站的具体情况选择相应的经济运行方案。

对于排水泵站在特大暴雨后,要求泵站在最短的时间内将排水区内的水排除,以减少作物的被淹时间,获得较高的产量,这时按动力机满负荷运行,泵的流量最大,可以使排水区内的损失最小。因此,在这种特殊情况下泵站按满负荷运行也是经济合理的。

通过上述简单分析可知,泵站需根据具体情况,选择合理的运行方案。

二、泵站经济运行方案的确定

我国地域幅员辽阔,各地的自然地理条件千差万别,因此,所建泵站类型各异,所选用的水泵类型也不相同。对于不同类型的泵站和不同类型的水泵实现经济运行方案的途径和方法也不相同,需因站因泵及因用户需要采用不同的运行方式。

实施泵站经济运行方案必须考虑泵站实际运行是否满足泵站本身的技术、经济和安全的要求,自然条件和用户实际要求是否变化。实施经济运行方案的水泵应使泵站具有更好的经济效益和社会效益,更加有利于泵站现代化管理。

(一) 水泵调速运行

当泵站扬程变化幅度较大,而且泵站多年平均扬程与水泵额定扬程相差较大时,可以采用调节转速的运行方式。

水泵调速运行具有良好的节能效果,这已被国内外许多泵站工程的运行实践所证明。

1. 水泵最佳转速的确定

水泵运行时的最佳转速可按下列步骤确定。

(1) 确定相似工况抛物线方程。

$H = kQ^2$,在这条曲线上的点都具有相似的工作状况,因而这条曲线上的各点参数都满足比例律的要求。

(2) 确定调速后的水泵流量和扬程。

设泵站扬程为 H_{st},管路阻力参数为 S,则水泵装置的需要扬程方程式为 $H_{需} = H_{st} + SQ^2$,需要扬程方程与相似工况抛物线方程联解得

$$Q = \sqrt{\frac{H_{st}}{k - S}} \tag{8-12}$$

$$H = \frac{H_{st}}{1 - \dfrac{S}{k}} \tag{8-13}$$

（3）确定水泵最佳转速。

为了保证水泵能在最高效率点工作，故相似工况抛物线应通过水泵的设计点。若水泵的额定流量为 Q_0，额定扬程为 H_0，则 $k = \dfrac{H_0}{Q_0^2}$，代入式（8-12）、式（8-13）得

$$Q = Q_0 \sqrt{\frac{H_{st}}{H_0 - SQ_0^2}} \tag{8-14}$$

$$H = H_0 \frac{H_{st}}{H_0 - SQ_0^2} \tag{8-15}$$

将式（8-14）代入比例律公式，即得水泵运行的最佳转速 $n_{佳}$ 为

$$n_{佳} = n_0 \sqrt{\frac{H_{st}}{H_0 - SQ_0^2}} \tag{8-16}$$

式中　　n_0——水泵的额定转速。

水泵选定后，其额定流量 Q_0、额定扬程 H_0、额定转速 n_0 都是常数。管路确定后，管路阻力参数 S 也是定值。因此，对具体的水泵来说，k 是常数。也就是说，泵站某一净扬程都对应一个最佳转速。

2. 调速设备的选择

在选择调速设备时，要综合考虑各项因素。

（1）设备的综合特点

调速设备选型时，要根据实际情况综合考虑调速设备的性能、节能效果、调速设备工作的可靠性、调速设备的价格等因素。

1）调速设备的性能。变频调速具有优异的性能，调速范围较大，平滑性较高，适用于鼠笼型异步电动机的调速；串级调速具有调速范围大，效率高（转差功率可反馈电网），平滑性较高，适用于中等以上功率的绕线型异步电动机调速；斩波内馈调速是一种以低压（通称约为 200～500V）控高压（6～10kV）的高效调速技术，突出特点是"斩波"与"内馈"两项高新技术的有机结合，价格低廉，设备结构简单，投资回收期短，适用于鼠笼型异步电动机和绕线型异步电动机调速。

2）节能效果。变频调速技术具有优异的节能效果，根据设定的压力自动调节水泵转速和水泵的运行台数，使水泵运行在高效节能的最佳工作状态。串级调速技术节能效果较好，节能可在 20％以上。斩波内馈调速技术作为我国首创，具有独立自主知识产权的高新技术，技术先进、生产上适用、经济上合理、节能效果显著。斩波内馈调速的节能效率达 75％～85％。

3）可靠性。采用调速设备的目的是为了提高水泵运行的效率，如果性能虽好但可靠性不好，经常出问题，就得不偿失。如变频器的关键器件功率模块，现已普遍采用 IGBT 模块和 IPM 智能功率模块。特别是 IPM 模块，虽然成本较高，但由于模块内部具有过

流、短路、欠压、输出接地、过热保护等保护功能，一旦发生异常，模块内部立即自行保护，然后再通过外部保护电路进行二次保护，烧毁模块的可能性大为降低，可靠性显著提高。而采用 GTR 模块的产品，由于 GTR 自身无保护功能，外部保护电路和推动电路又很复杂，一旦保护跟不上，模块会顷刻间烧毁。有的生产厂家为了降低成本，仍在使用 GTR 模块，这也是选购变频器时特别需要注意的。

4）气候特点。我国国土辽阔，南方地区高温潮湿，沿海地区则以盐腐蚀为主，这都会造成设备绝缘下降，北方气候干燥，容易产生静电，冬、夏季温差大，另外每个企业的生产环境更是千差万别，这些都是在选择调速设备时应该考虑的。有的调速设备性能虽好，但环境的适应能力差，就有可能经常出现故障影响生产。

5）价格。价格是选购调速设备时考虑的主要因素。但如果片面追求低价格，往往会导致质量与可靠性的下降。对于变频器来说，变频器中的功率器件和主回路电解电容约占 70% 的成本。有些厂家为了降低成本，用耐压 1000V 的模块代替 1200V 的模块，用电流 25A 的代替 30A 的，用普通低频电解电容代替变频器专用高频电解电容等。这种变频器在正常情况下或短时间内使用不会发现有什么问题，但是由于降低了模块的功率余量，一旦碰上电机堵转、电网瞬时高电压、持续高温等情况，就很容易损坏。

6）售后服务。再好的产品都有可能出现故障，选择具有良好技术实力与售后服务的生产厂家或经销商，可以获得周到的技术服务，免除后顾之忧。

（2）投入产出比

在选择调速设备时还要考虑投入产出比，即考虑通过节省的电费，收回调速设备投资的年限。

3. 调速运行应注意的问题

水泵调速运行的最终目的是在满足用户用水量要求的前提下实现节能，调速运行必须以安全运行为前提。因此，在确定水泵运行调速时，应注意如下问题：

（1）水泵降低转速运行时，最低运行转速一般不应低于额定转速的 40%，否则水泵效率会明显下降。

（2）水泵增加转速运行时，最高运行转速一般不应高于额定转速的 5%，并满足水泵零部件的强度要求，而且动力机不超载，或征得水泵生产厂家的同意。

（3）水泵不能在临界转速附近运行，否则会发生共振现象使水泵遭到破坏。

【例 8-1】 某泵站多年平均泵站净扬程为 4.05m，管路阻力参数 $S=13.4s^2/m^5$，皮带传动的传动效率 $\eta_{int}=93\%$，水泵型号为 14HB—40 型混流泵，水泵设计点的参数为 $n_0=980r/min$，$Q_0=0.278m^3/s$，$H_0=8.1m$，轴功率 $P_0=26kW$，$\eta_0=85.5\%$，配套电动机型号为 JO$_2$—62—4 型异步电动机，额定功率 $P_m=30kW$，电动机效率 $\eta_{mot}=88.2\%$。未调速前在 4.05m 扬程下的工作参数为 $Q=0.329m^3/s$，水泵的总扬程为 $H=5.5m$，水泵的效率为 $\eta_{pump}=74\%$。现拟采用调速的方法节能，求运行的最佳转速为多少？调速后的水泵效率和管路效率为多少？装置效率比调速前提高多少？

解： 最佳转速 $n_{佳}$ 为

$$n_{佳} = n_0 \sqrt{\frac{H_{st}}{H_0 - SQ_0^2}} = 980 \sqrt{\frac{4.05}{8.1 - 13.4 \times 0.278^2}} = 742r/min$$

调速后的水泵流量 Q、扬程 H、轴功率 P 和效率 η 为

$$Q = Q_0 \frac{n_1}{n_2} = 0.278 \times \frac{742}{980} = 0.21 \text{m}^3/\text{s}$$

$$H = H_0 \left(\frac{n_1}{n_2}\right)^2 = 8.1 \times \left(\frac{742}{980}\right)^2 = 4.64 \text{m}$$

$$P = P_0 \left(\frac{n_1}{n_2}\right)^3 = 26 \times \left(\frac{742}{980}\right)^3 = 11.28 \text{kW}$$

水泵效率　$\eta_{pump} = \eta_0 = 85.5\%$。

管路效率　$\eta_{pi} = 4.05/4.64 = 87.28\%$。

电动机的额定功率 $P_m = 30\text{kW}$，当水泵的轴功率为 11.28kW 时，电动机的负荷率为

$$\beta = \frac{P}{P_m \eta_{int}} = \frac{11.28}{30 \times 0.93} = 0.47$$，查电动机效率曲线得电动机的效率为 85%，故

$$\eta_{sy} = \eta_{mot} \eta_{int} \eta_{pump} \eta_{pi} = 0.85 \times 0.93 \times 0.855 \times 0.8728 = 0.597 = 59.7\%$$

调速前在泵站净扬程 $H_{st} = 4.05\text{m}$ 时的水泵总扬程 $H = 5.5\text{m}$，故管路效率 $\eta_{pi} = 4.05/5.5 = 73.6\%$，水泵轴功率约 23kW，电动机的负荷率为 $\beta = 0.82$，电动机效率为 88.0%，传动效率为 93%，因此，调速前的装置效率为 $\eta_{sy} = 0.88 \times 0.93 \times 0.74 \times 0.736 = 44.57\%$。

由此可见，调速后泵站的装置效率提高了 $59.7\% - 44.57\% = 15.13\%$。

（二）水泵变径运行

水泵变径运行是一种既简单又经济的节能措施，特别适宜于泵站扬程变化较小，水泵工况点偏离水泵额定扬程较远的情况。例如某泵站泵站扬程为 54.5m，将 79m 扬程的离心泵用于该泵站，水泵长期偏离高效区运行。同时电动机与水泵也不配套，为了防止超载只好关小闸阀运行，人为地增加了管路水头损失，降低了泵站效率。为了节能将水泵叶轮外径由 510mm 车削到 470mm，只花了几十元钱，就使能源单耗从 $5.66\text{kW} \cdot \text{h}/(\text{kt} \cdot \text{m})$ 降低到 $4.15\text{kW} \cdot \text{h}/(\text{kt} \cdot \text{m})$。

为使水泵达到经济运行的目的，常按水泵效率最高的方式运行。这时，车削后的叶轮直径按下列步骤确定。

（1）由车削定律可知，叶轮车削前后各性能参数与叶轮外径的关系为

$$\frac{Q'}{Q} = \frac{D'_2}{D_2}, \quad \frac{H'}{H} = \left(\frac{D'_2}{D_2}\right)^2, \quad \frac{P'}{P} = \left(\frac{D'_2}{D_2}\right)^3$$

（2）根据水泵的额定流量 Q_0、额定扬程 H_0，求出车削抛物线方程中的 k'，并绘出车削抛物线，如图 8-1 所示。

$$k' = \frac{H_0}{Q_0^2} \qquad (8-17)$$

车削抛物线方程为

$$H = k'Q^2 = \frac{H_0}{Q_0^2}Q^2 \qquad (8-18)$$

（3）根据管路阻力参数 S 和泵站多年平均泵站净扬程 H_{st}，求得水泵装置需要扬程 $H_{需} = H_{st}$

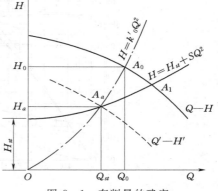

图 8-1　车削量的确定

$+SQ^2$。

（4）求叶轮车削后在净扬程 H_{st} 下的流量 Q' 和扬程 H'。为了保证水泵车削后保持在最高效率点工作，车削后的工况点应在车削抛物线上。为此，水泵的工况点应落在 A_a 点上，如图 8-1 所示，即 $H=k'Q^2$ 和 $H_{需}=H_{st}+SQ^2$ 两曲线的交点上。解此二式可得车削后的流量 Q' 和扬程 H'。

$$Q' = Q_0 \sqrt{\frac{H_{st}}{H_0 - SQ_0^2}} \qquad (8-19)$$

$$H' = H_0 \frac{H_{st}}{H_0 - SQ_0^2} \qquad (8-20)$$

（5）求车削后的叶轮直径 D_2'

$$D_2' = D_2 \sqrt{\frac{H_{st}}{H_0 - SQ_0^2}} \qquad (8-21)$$

（6）求实际车削量 ΔD。实际车削量 $\Delta D = D_2 - D_2'$。如果车削量 ΔD 超过了一定范围，则叶片端部变厚，叶轮与泵壳之间的间隙增大，增加了回流损失，使车削前后水泵的效率不相等。因此，实际车削量应小于或等于所允许的车削量。

【例 8-2】 某泵站安装 5 台 14Sh—9 型双吸离心泵，叶轮外径 $D_2=500\text{mm}$，配套电动机功率为 300kW，泵站多年平均泵站净扬程为 $H_{st}=50\text{m}$，管路阻力参数 $S=50\text{s}^2/\text{m}^5$。为了不使电动机超载，常采用关小闸阀的方式运行。现为节能，拟采用车削叶轮的方法，求车削后的叶轮直径为多少？相应的水泵流量、轴功率和效率为多少？与流量相同的闸阀调节方式相比，可以减少轴功率多少 kW？若电动机的效率为 90%，传动效率为 100%，工作 1000h 可节约电能多少 kW·h？电价以 0.4 元/（kW·h）计，可节约电费多少？

解：（1）绘出 14Sh—9 型双吸离心泵性能曲线，如图 8-2 所示。

（2）绘出水泵装置需要扬程曲线 $H_{需}=H_{st}+SQ^2$，该曲线与水泵的 $Q—H$ 曲线交于 A 点，水泵效率 $\eta_1=74\%$，比水泵的最高效率降低了 10%，水泵的轴功率 $P_1=340\text{kW}$，而

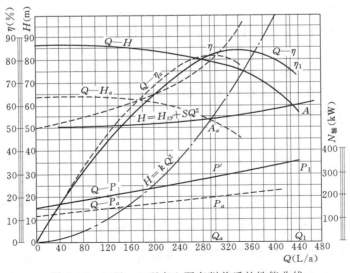

图 8-2　14Sh—9 型离心泵车削前后的性能曲线

电动机的额定功率为 300kW。故需关小闸阀运行，以免电动机超载。

（3）计算车削后的叶轮直径 D_2'。水泵的额定流量为 $Q_0 = 0.35\text{m}^3/\text{s}$，额定扬程为 $H_0 = 75\text{m}$，按式（8-21）得

$$D_2' = D_2 \sqrt{\frac{H_{st}}{H_0 - SQ_0^2}} = 500 \sqrt{\frac{50}{75 - 50 \times 0.35^2}} = 426\text{mm}$$

车削量 $\dfrac{D_2 - D_2'}{D_2} = \dfrac{500 - 426}{500} = 14.8\% < 15\%$，在允许的车削量范围内，故采用车削叶轮的方法是合适的。

（4）比较相同流量下的变径调节与关小闸阀调节时的水泵效率和轴功率。变径调节后的水泵流量为

$$Q' = \frac{D_2'}{D_2} Q_0 = \frac{426}{500} \times 0.35 = 0.295\text{m}^3/\text{s}$$

变径调节后的水泵扬程为

$$H' = \left(\frac{D_2'}{D_2}\right)^2 H_0 = \left(\frac{426}{500}\right)^2 \times 75 = 54.4\text{m}$$

变径调节后的水泵轴功率为

$$P' = \left(\frac{D_2'}{D_2}\right)^3 P_0 = \left(\frac{426}{500}\right)^3 \times 300 = 185.54\text{kW}$$

如图 8-2 所示可查得 $Q = 0.295\text{m}^3/\text{s}$ 时的水泵效率为 $\eta' = 82\%$，比最高效率 84% 低 2%。同时可查得这时关小闸阀运行（需要扬程曲线为虚线）时的水泵效率为 $\eta'' = 81\%$，水泵的轴功率 $P = 280\text{kW}$，即车削叶轮后每台水泵减少的轴功率 ΔP 为

$$\Delta P = P - P' = 280 - 185.54 = 94.46\text{kW}$$

5 台水泵共减少轴功率 $5 \times 94.46 = 472.3\text{kW}$。

（5）求节省的电能 ΔE 和电费 Δe

$$\Delta E = \frac{\sum \Delta Pt}{\eta_{mot} \eta_{int}} = \frac{472.3 \times 1000}{0.9 \times 1.0} = 524778\text{kW} \cdot \text{h}$$

$$\Delta e = f\Delta E = 0.4 \times 524778 = 209911 \text{元}$$

（三）水泵变角运行

轴流泵根据叶片是否可调，分为固定式、半调节式和全调节式三种类型，实际使用中多采用半调节式和全调节式两种。运行中可根据具体情况调节叶片的安装角度，即根据泵站的提水流量，进、出水池水位的变化等因素调节叶片安装角度。使工况点移到所需的位置上来，从而达到满足排灌流量、提高泵站效率、降低能源单耗和节约能源的目的。

1. 泵站效率最高的运行方式

（1）目标函数

泵站效率是泵站输出功率与泵站输入功率之比的百分数。即为电动机、水泵、传动装置、管路、进、出水池等项效率的乘积。其计算公式为

$$\eta_{st} = \eta_{mot} \cdot \eta_{pump} \cdot \eta_{int} \cdot \eta_{pi} \cdot \eta_{p0} \tag{8-22}$$

式中　η_{st}——泵站效率，$\%$；

　　　η_{p0}——进、出水池效率，$\%$；

其余符号意义同前。

水泵和电动机一般采用直接传动，可近似认为传动装置效率为 $\eta_{int}=100\%$。因此，泵站效率最高的目标函数为

$$\max\eta_{st}=\eta_{mot}\cdot\eta_{pump}\cdot\eta_{pi}\cdot\eta_{p0} \tag{8-23}$$

计算泵站的最高效率，需确定出目标函数的具体形式。

1）电动机效率

根据电动机的负荷率与电动机效率的关系，可得出电动机效率与负荷率的关系式

$$\eta_{mot}=0.3733\beta^3-0.88\beta^2+0.6967\beta+0.74 \tag{8-24}$$

式中　β——电动机的负荷系数，即电动机在该工况下的有效功率（水泵的轴功率）P 与电动机额定功率 P_m 的比值。

这样式（8-24）可写成

$$\eta_{mot}=0.3733\frac{P^3}{P_m^3}-0.88\frac{P^2}{P_m^2}+0.6967\frac{P}{P_m}+0.74 \tag{8-25}$$

2）水泵的效率

水泵的效率是由水泵的性能曲线、水泵装置的净扬程及工况点的参数求得。

水泵的流量—扬程曲线和流量—轴功率曲线可分别拟合为

$$H=A_HQ^2+B_HQ+C_H \tag{8-26}$$

$$P=A_PQ^2+B_PQ+C_P \tag{8-27}$$

式中　　　　　Q、H、P——分别为水泵的流量、扬程、轴功率，$\mathrm{m^3/s}$、m、kW；

A_H、B_H、C_H、A_P、B_P、C_P——分别为拟合系数。

水泵装置的扬程为装置净扬程与管路水头损失之和，其方程式为

$$H_总=H_{sy}+SQ^2 \tag{8-28}$$

式中　$H_总$——水泵装置的扬程，m；

H_{sy}——水泵装置的净扬程，m；

S——管路阻力系数，$\mathrm{s^2/m^5}$。

水泵装置的工况点是水泵的流量—扬程曲线与水泵装置需要扬程曲线的交点。令水泵的扬程等于水泵装置的扬程，联解式（8-26）、式（8-28），经整理得

$$Q=\frac{-B_H\pm\sqrt{B_H^2-4(A_H-S)(C_H-H_{sy})}}{2(A_H-S)} \tag{8-29}$$

则水泵的效率为

$$\eta_{pump}=\frac{\rho gQH}{P}\times100\% \tag{8-30}$$

式中　ρ——水的密度，$\rho=1000\mathrm{kg/m^3}$。

3）管路效率

管路效率是水泵的装置净扬程与水泵装置扬程之比的百分数，其计算公式为

$$\eta_{pi}=\frac{H_{sy}}{H}\times100\% \tag{8-31}$$

4）进、出水池效率

泵站进、出水池的效率为泵站净扬程与装置净扬程之比的百分数，其计算公式为

$$\eta_{po} = \frac{H_{st}}{H_{sy}} \times 100\% \tag{8-32}$$

式中　H_{st}——泵站净扬程，m。

5）目标函数

将式（8-25）、式（8-30）、式（8-31）、式（8-32）代入式（8-23），经整理得目标函数的具体形式为

$$\max\eta_{st} = \frac{\rho g Q H_{st}}{P P_m^3}(0.3733P^3 - 0.88P^2 P_m + 0.696 P P_m^2 + 0.74 P_m^3) \tag{8-33}$$

式（8-33）为泵站效率最高经济运行方案的表达式。将泵站运行时的泵站净扬程、水泵的出水量、运行时水泵的轴功率、电动机额定功率等有关参数代入式（8-33）即可求得泵站运行时的泵站最高效率。

（2）约束条件

只要电动机运行时不超载，就能满足水泵装置安全运行的要求，同时水泵的出水量满足要求的抽水流量 Q_m。因此，该目标函数的约束条件为

$$\left.\begin{array}{c} P \leqslant P_m \\ Q \geqslant Q_m \end{array}\right\} \tag{8-34}$$

2. 水泵效率最高的运行方式

（1）目标函数

由式（8-30）可确定出水泵效率最高的目标函数为

$$\eta_{pump\max} = \frac{\rho g Q H}{P} \times 100\% \tag{8-35}$$

将式（8-26）、式（8-27）代入式（8-35）得

$$\eta_{pump\max} = \frac{\rho g Q(A_H Q^2 + B_H Q + C_H)}{A_P Q^2 + B_P Q + C_P} \tag{8-36}$$

（2）约束条件

只要动力机运行中不超载就能满足水泵装置安全运行的要求，同时水泵的出水量满足排灌流量的要求。因此，约束条件仍为式（8-34）。

3. 泵站流量最大的运行方式

（1）目标函数

由式（8-29）知，只要解得 Q 为最大值，即为泵站流量最大。对于轴流泵来说是叶片安装角度最大时的 Q—H 曲线与 Q—$H_总$ 曲线的交点。因此，该优化的目标函数为

$$\max Q = \frac{-B_H \pm \sqrt{B_H^2 - 4(A_H - S)(C_H - H_{sy})}}{2(A_H - S)} \tag{8-37}$$

（2）约束条件

只要电动机运行中不超载就能满足水泵装置安全运行的要求。因此，该目标函数的约束条件为

$$P \leqslant P_m \tag{8-38}$$

4. 泵站多年平均效率最高的方式运行

中、小型轴流泵绝大多数为半调节式，一般需在停机、拆卸叶轮之后才能进行调节叶片

安装角度。而泵站运行时的扬程具有一定的随机性，频繁改变水泵叶片安装角度有许多不便。为了使泵站全年或多年运行效率高、能耗少，同时满足排水和灌溉流量的要求，可将水泵叶片安装角调到最佳位置，使泵站的多年平均效率最高，从而达到经济运行的目的。

对于灌排两用的泵站，灌溉和排水时的扬程不同，这时可根据扬程的情况，采用不同的叶片安装角度。如汛期排水时，进水侧水位较高，往往泵站运行时的扬程较低，这时根据扬程将水泵叶片安装角调大，不但使水泵多抽水，而且电动机满载运行，提高了电动机的效率和功率因数；在灌溉季节，进水侧水位较低，往往泵的扬程较高，这时可将水泵叶片安装角调小，在保持水泵较高运行效率的情况下，适当减少出水量，防止电动机出现超载。

5. 优化模型的求解

优化模型的求解可用专门研制的计算软件。使用时将轴流泵不同叶片安装角时的流量、扬程、轴功率及计算管路阻力系数的粗糙系数、管长、管径、局部水头损失系数之和输入计算机软件。然后，根据泵站运行的装置净扬程、泵站净扬程即可计算出满足流量要求、并保证电动机不超载的最高泵站效率、最高水泵效率、水泵的最大流量；同时给出这三个最优参数所对应的叶片安装角度。

为便于用户使用计算软件编成通用型。计算软件以 WindowsXP 为平台，用 Matlab 语言编程，用户界面友好，用户使用非常方便，即使不懂计算机的人也可按程序的汉字菜单和提示顺利使用本软件。计算框图如图 8-3 所示。

【例 8-3】 某泵站安装 5 台 48ZLB—87 型泵，配套电动机功率为 330kW。设计扬程为 4.2m，常年运行时的扬程为 2.5～4.2m，水泵的设计扬程为 7.0m。因此，需采用经济运行方式。

解： 当水泵在装置净扬程 $H_{sy}=2.50\text{m}$，泵站净扬程 $H_{st}=2.25\text{m}$ 情况下运行时，计算结果见表 8-3；当水泵在装置净扬程 $H_{sy}=4.20\text{m}$，泵站净扬程 $H_{st}=3.78\text{m}$ 情况下运行时，计算结果见表 8-4。

表 8-3　　　　　　　　　　48ZLB—87 型泵优化成果表

序号	叶片安装角	流量 (m³/s)	扬程 (m)	轴功率 (kW)	水泵效率 (%)	泵站效率 (%)
1	−5°	3.0888	2.9272	123.9990	71.46	48.51
2	0°	3.8823	3.3199	168.9811	74.75	45.90
3	+5°	4.6598	3.7913	195.3348	83.63	48.10

表 8-4　　　　　　　　　　48ZLB—87 型泵优化成果表

序号	叶片安装角	流量 (m³/s)	扬程 (m)	轴功率 (kW)	水泵效率 (%)	泵站效率 (%)
1	−5°	2.8438	4.3541	157.6810	76.96	60.22
2	0°	3.6125	4.7063	209.1864	79.65	58.70
3	+5°	4.3257	5.1082	262.3707	82.53	56.45

通过表 8-3 和表 8-4 可以看出，48ZLB—87 型泵将叶片安装角定为−5°时，泵站效率最高；将叶片安装角定为+5°时，不仅水泵的出水量最大，而且水泵的效率较高。

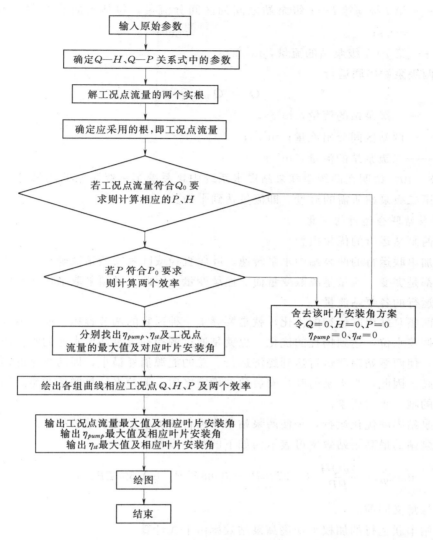

图 8-3 程序框图

通过实施经济运行方案，泵站效率由 38.33% 提高到 54.74%，泵站效率提高了 16.41%；泵站能源单耗由 7.10kW·h/（kt·m），降低到 4.97kW·h/（kt·m）。泵站效率提高，能源消耗降低，年节电达 11.23 万 kW·h，减少年运行费用达 5.62 万元。

（四）泵站串联运行

为使两泵站串联运行更经济合理，能源消耗更少，两泵站的加权平均泵站效率最高，需对两泵站串联运行进行优化。

1. 两泵站流量的平衡

串联多级泵站运行的流量平衡方程式为

$$Q_i = Q'_i + Q_{i+1} \tag{8-39}$$

式中 Q_i——第 i 级泵站的流量，m^3/s；

Q'_i——第 i 级与第 $i+1$ 级泵站之间的区间分流量，包括水面蒸发和河道渗漏等，m³/s；

Q_{i+1}——第 $i+1$ 级泵站的流量，m³/s。

对于两级泵站串联运行

$$Q_1 = Q'_1 + Q_2 \qquad (8-40)$$

式中 Q_1——一级泵站的流量，m³/s；

Q'_1——两站区间分出流量，m³/s；

Q_2——二级泵站的流量，m³/s。

式（8-40）说明在两级串联泵站提水系统中，系统第一级泵站的流量等于两站区间分流量及第二级泵站所需的流量，即流量达到平衡。

2. 两泵站联合运行的优化

（1）两泵站运行的优化模型

当参加串联运行的两泵站中水泵转速、叶轮直径或叶片安装角度确定后，各站流量的增减变化都是突变，流量是离散变量而非连续变量，因此，必须采取水量调蓄的方式控制参加串联运行的各泵站流量。

对于两座泵站串联运行的优化，就是要寻求一种适宜的调节容积，亦即最佳的调蓄水位，通过调控水位，达到扬程的优化。也就是通过调控一级泵站出水池的水位或二级泵站前池水位，使两泵站串联运行达到经济运行、总的能源消耗最小，即两泵的加权平均泵站效率最高。因此，当水泵的叶片安装角度确定之后，调控水位是联系两泵站串联运行的可供选择的唯一水力要素。

两座泵站串联优化运行，是使两泵站串联运行的加权平均泵站效率最高。

每座泵站的最高泵站效率可表示为如下的数学模型

$$\max\eta_{st} = \frac{\rho g Q H_{st}}{P P_m^3}(0.3733P^3 - 0.88P^2 P_m + 0.696P P_m^2 + 0.74P_m^3) \qquad (8-41)$$

式中   符号意义同前。

两泵站串联运行的加权平均最高泵站效率由下式计算

$$\overline{\eta}_{st} = \frac{\max\eta_{st1} P_1 + \max\eta_{st2} P_2}{P_1 + P_2} \qquad (8-42)$$

式中 $\overline{\eta}_{st}$——加权平均泵站效率，%；

$\max\eta_{st1}$——一级泵站的最高泵站效率，%；

$\max\eta_{st2}$——二级泵站的最高泵站效率，%；

P_1——一级泵站同时运行机组的配套总功率，kW；

P_2——二级泵站同时运行机组的配套总功率，kW。

（2）约束条件

两泵站串联运行的约束条件有流量约束、开机台数约束、功率约束、开机频度约束等几方面。

1）流量约束

当二级泵站调节流量的机组运行时，两泵站之间分出的流量、水面蒸发、河道渗漏流量之和大于或等于一级泵站的流量，即

$$\left(\sum_{i=1}^{k} Q_i + Q' \right) \geqslant \sum_{i=1}^{n} Q_i \qquad (8-43)$$

式中　k——二级泵站机组总台数；

　　　　n——一级泵站机组总台数；

其余符号意义同前。

当调节机组停止运行后，一级泵站的流量大于二级泵站的流量。

2）开机台数约束

两座泵站投入运行的机组台数小于或等于泵站中总的机组台数，即

$$f \leqslant 二级泵站的机组总台数$$
$$g \leqslant 一级泵站的机组总台数$$

3）功率约束

泵站运行时要求的最大配套功率应小于或等于为水泵配套的电动机额定功率。

4）开机频度约束

为减少机组的启动损耗，便于泵站的运行管理，延长电动机的使用寿命，每台机组开、停机的次数不应过多。

（3）模型求解

根据上述模型及约束条件，运用计算软件，即可对两泵站串联运行进行优化计算。

【例 8-4】　某串联泵站工程，由两级泵站组成，根据多年实际运行资料，经统计现状条件下一级泵站运行时前池水位在 30.00～31.00m 之间，多年平均前池水位为 30.50m；出水池水位在 33.22～34.52m，多年平均出水池水位为 34.44m。二级泵站前池水位为 33.40～34.70m，多年平均前池水位为 34.26m，出水池水位为 36.00～37.50m，多年平均出水池水位为 37.35m。

两泵站联合串联运行时，根据多年的水位观测，两泵站之间的水面高差（即一级泵站出水池水位与二级泵站前池水位之差）平均为 0.18m。

两站之间的河道长度近 5km，河面宽 50m 左右，从一级泵站到二级泵站之间有一公园湖泊，水面面积近 10km^2。

两泵站之间有提水灌溉小泵站 6 处，总提水量为 0.624m^3/s。再加上两泵站之间的水面蒸发，河道渗漏等水量损失，一级泵站运行 6 台机组、二级泵站运行 5 台机组时，两泵站串联运行流量基本平衡。

为使两泵站串联运行更经济合理，能源消耗更少，两泵站的加权平均泵站效率最高，需对两泵站的串联运行进行优化。

解：运用为其研制的计算软件，通过水位控制对两泵站串联运行进行优化，两泵站串联运行时的加权平均泵站效率最高可达 55.84%，泵站效率提高幅度为 2.1%，年节电达 13490kW·h。

三、开机顺序的选择

泵站中每台机组的性能存在着差异，因此，在确定运行方案时，也应该选择开机顺

序。在部分机组运行时，应选择其中效率高、运行费用最少的机组运行。

在实际运行中，有的按机组编号的顺序运行，即先开 1# 机组，当一台机组不能满足排灌流量要求需要增加流量时，再开 2#、3# 机组……，如图 8-4 所示。也有的是因为机组的制造或安装质量不同，先开启制造安装质量较好的机组。这些运行方式常常造成泵站机组的不对称运行，影响进出水池流态。一方面会使池内产生回流，引起泥沙淤积；另一方面对进水管路较短的水泵以及只有进水喇叭管而无吸水管路的轴流泵，这种不对称的流态所形成的漩涡，对水泵运行时的性能影响很大。因此，在选择开机顺序时，应尽可能地对称运行。如图 8-4 所示的泵站，只需一台机组运行时，应开启 3# 机组。若需 3 台机组运行时，则应开启 3#、2#、4# 机组等。

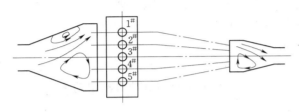

图 8-4 不对称运行时进出水池流态

（2）泵站与其他相关工程的联合调度。

（3）在满足用水要求的前提下，通过站内机组的运行调度和工况调节，改善进出水池流态，减少水力冲刷和水力损失。

2. 多级泵站的运行调度

多级泵站运行调度的主要内容如下。

（1）泵站水源和各级泵站的提水能力及各级泵站相应的供水计划间的调度。

（2）各级泵站的开机顺序、台数及运行工况的调节、泵站级间流量的调配。

（3）各级泵站与其他相关工程设施的调度。流域（区域）内泵站群与其他相关水利设施的调度。流域内或不同流域间排水与灌溉、蓄水、调水相结合的水资源调度。

四、运行调度

1. 单泵站的运行调度

根据优化运行方案进行单泵站的运行调度，其主要内容如下。

（1）泵站内机组的开机顺序、台数及其运行工况的调节（包括主水泵的调速、变径、变角调节等）。

第四节 泵站工程管理与经营管理

工程管理的主要内容是：枢纽建筑物的管理和运用、渠道（河道）及其建筑物的管理和运用。

一、进水建筑物的管理

泵站前池与引渠连接，使来水均匀扩散，水流平顺而均匀地进入水泵或水泵的吸水管路。前池两侧与护坡连接。池内设有拦污栅，以防止水草杂物进入水泵内。池壁装水尺，用于观测水位。对进水建筑物的管理要求是。

（1）检查护坡工程有无冲刷损坏现象，发现问题，应及时修复，以免发生塌坡。

（2）检查护底反滤排水是否畅通，有无流土、管涌现象。

（3）在供排水期间，严禁在池内游泳，以免发生危险。

（4）泵站运行时，要及时清除拦污栅前的水草杂物，否则，会增加水流过拦污栅的水头损失，降低进水池的效率；另外又会使进水池内的流速分布不均匀，影响水泵的运行，降低水泵运行的效率。

（5）供排水结束后，应清除池底淤泥杂物；整修损坏部分。

二、出水建筑物的管理

出水建筑物由挡水墙、护底、渐变段等几部分组成。池壁装有水尺，用以观测水位。对出水建筑物的管理要求是：

（1）当出水池与泵房分建时，往往由于不均匀沉陷出现裂缝，造成漏水，如果漏水严重，可危及泵房的稳定。因此，要注意观察有无裂缝，一经发现要及时修补。

（2）当出水池与泵房合建时，靠近泵房一侧因回填土过高，可能引起不均匀沉陷，致使出水池底板产生裂缝，两侧墙身断裂。因此，要注意观察，发现裂缝要及时处理。

（3）当采用拍门断流时，要加强拍门的检查与维护，对转轴处要经常加润滑油。否则造成拍门不能全部打开或不能顺利关闭，给泵站运行造成事故。

（4）出水池墙身禁止堆放重物，池底避免撞击。

三、泵房的管理

泵房由电机层、水泵层、进水层等组成。对泵房的管理要求是：

（1）及时修理漏雨屋顶。

（2）泵房内应保持清洁，防止灰尘进入主机组和泵站其他设备内。室外排水畅通，以免雨水进入泵房，影响机组的安全运行。

（3）要经常检查泵房的墙身、中墩、板、梁、柱以及结构连接处，如有裂缝应查明原因，及时处理。

（4）做好泵房沉陷观测工作。若沉陷不均匀，会破坏机组的同心，危及机组的安全运行。一经发现，应及时处理。

四、涵闸的管理

泵站涵闸工程（如进水闸、泄水闸、节制闸及各种分水涵闸等）是泵站正常运行和渠道配水的建筑物。为确保涵闸正常运行，正确控制和调配水量，必须设专人管理，并制定操作规程和养护制度。

1. 对涵闸管理的要求

（1）涵闸各部分应保持完整，开启时无冲刷现象。

（2）闸门应启闭灵活，开启和运用过程中无振动现象。

（3）闸前壅水高度不应超过设计水位；并能正确控制水流，运用自如。

（4）对于多孔闸，如用机械启闭，要做到各孔同时启闭；如用人力或移动启闭机启闭，开闸时应先开启中孔，而后逐次对称开启两侧闸孔。如提升高度较大，应分组逐次提升以防对下游护坡冲刷。关闸时逐次对称先关两侧闸孔，后关中孔。

2. 启闭闸门注意事项

（1）闸门启闭前，应检查启闭机、闸门等有无故障，以保证启闭灵活。

（2）开启闸门时如下游无水，或上下游水位差在1m以上，为避免下游渠道及护坡冲刷，闸门应少量开启，待下游水位抬高后，再逐步提升到所需高度。

（3）开启闸门时如发现水流分布不均匀或闸门有扭曲、振动等异常现象，应及时检查处理。

（4）关闭闸门前应清除底槛处的碎石、淤泥等障碍物，以免闸门关闭不严。当闸门下落到临近底槛时，要降低下落速度，以防撞坏闸门。

（5）对无限位开关的直升闸门，采用卷扬式启闭机时，要防止闸门到顶，钢丝绳被拉断，闸门坠毁的事故。

3. 涵闸的检查养护

（1）闸孔内的淤积、闸门上的污垢及闸前的漂浮物，应随时清除干净。

（2）闸门及启闭机要保持完好，运用灵活。

（3）闸门及启闭机的主要易损件，如螺栓、垫圈等应有备件。

（4）闸门、启闭机和钢丝绳等均应定期擦洗、加油及油漆保护。

（5）闸上的交通桥，应规定通过车辆的最大载重量。翼墙顶部及距墙后 2～3 倍墙高范围内禁止堆放重物或车辆通过。

（6）经常检查闸门止水、上下游护底、护坡、消力池、伸缩缝及墙后回填土的沉陷情况。

五、泵站经营管理

泵站经营管理是指以发挥工程的安全、效益为中心内容的全部技术经济活动，将工程的管理与水资源的开发和有偿服务结合起来，建立服务经营化、产业化体系，形成水利服务的良性循环。只有树立市场经济观念、工程经营观念，才能从单纯的生产服务型转变为生产经营服务型。管理单位经营管理是手段，为全社会服务是目的。只有讲经营，才能讲成本、讲经济核算、讲经济效益。泵站经营管理要做好如下几方面的管理。

1. 财务管理

泵站管理部门要严格进行经济核算，要管好、用好上级专用拨款和维修资金，做到专款专用，不得挪用。并加强财务审计力度，财务人员及财务计划和资金管理等业务应严格执行国务院和水利部门颁发的各类财经条例和规章制度。

2. 业务管理

强化泵站内部各部门、生产班组的机务管理、用水管理。建立健全各类规章制度和奖惩制度；按照 SL 255—2000《泵站技术管理规程》的要求，全面落实各部门在安全运行、工程管理、供排水管理等方面的技术经济指标。加强综合经营和对外服务，搞好以泵站管理为主的农、工、商、副多种经营，积极参与市场竞争，并加强多种经营服务。

3. 水费管理

强化泵站排水、灌溉、调水和调相发电的成本管理和核算。水费成本应按照国家产业政策中的有关规定逐步过渡到按动力费、工资福利费、固定资产折旧、大修理费、维修费、其他直接生产费用和管理费的总和来计算，并按照供水对象和有关规定来核定供排水水费标准。加强水费的征收工作，实行有偿服务和有偿供水，在取得社会效益的同时要扩大和增强自身的经济效益，泵站管理单位应按照国家的规定向用水单位收取水费。

第五节　泵　站　测　试

根据泵站节能、节水的需要，为了掌握泵站运行的技术经济指标，研究泵站技术改造措施，制定泵站经济运行方案，提高泵站工程的经济效益，促进科学管理水平的提高，监测设备的运行状况，检查和评定设备性能，实现泵站自动化操作等目的。必须对泵站运行的技术参数进行测试。本节着重阐述各项技术参数测试设备、测量方法和计算方法等。

一、泵站测试标准

为了对水泵机组和泵站工程技术性能进行鉴定、验收和科学管理而进行的泵站测试，必须遵循一个共同的标准，为此水利部颁发了 SD 140—85《泵站现场测试规程》。该规程总结了我国各地泵站现场测试的经验，参考国际化组织（ISO）和国际电工委员会（IEC）的有关标准，并吸收了我国泵与动力机试验的国家标准的部分内容。规定了 B 级和 C 级测试精度，C 级标准用于泵站的通常验收测试和考核泵站技术经济指标的普测；B 级标准用于新建大型泵站的验收。相应 B 级和 C 级精度的各项误差如下。

1. 每一次重复测量的变化范围（95%置信度）

每一量多次重复测量值的变化范围见表 8-5。

表 8-5　　　　　　　　　每一量多次重复测量值的变化范围

重复读数的组数	重复读数的最大值与最小值之差的极限误差（%）			
	流量、扬程、转矩、功率		转　速	
	B 级	C 级	B 级	C 级
3	0.8	1.8	0.25	1.0
5	1.6	3.5	0.5	2.0
7	2.2	4.5	0.7	2.7
9	2.8	5.8	0.9	3.3

注　最大值与最小值之差的极限误差百分数为：$\dfrac{最大值-最小值}{最大值}\times100\%$。

应取每一量各次读数的算术平均值作为该量的实际测量值。

如果达不到表 8-5 所规定的值，应改进测试条件并重新取一组完整的读数，不得以读数超出允许范围为由而剔除单个读数和一组观测值中的一些选定的读数。

如果读数变化过大，并非测量方法或仪表误差等所致，而无法加以消除时，极限误差可用统计分析方法计算。

2. 测量仪表的极限误差

对于测量不同的参数，测量仪表的极限误差不同，见表 8-6。

3. 总极限误差限

测量不同的参量，规定了不同的总极限误差限，见表 8-7。

表 8-6　　　　　　　　　测量仪表的极限误差

测 定 量	极限误差（%）	
	B 级	C 级
流量	±1.5	±2.5
扬程泵轴功率		
电动机输入功率（确定机组效率的试验）	±1.0	±2.0
转速	±0.2	±1.0

表 8 - 7   总 极 限 误 差 限

测 定 量	极限误差（%）	
	B 级	C 级
流　　量	±2.0	±3.5
泵扬程、泵轴功率、电动机输入功率（确定机组效率的试验）	±1.5	
转　　速	±0.4	±1.8
泵 效 率	±2.8	±5.0
机 组 效 率	±2.5	±4.5
泵 站 效 率	±2.0（±3.0）	±4.0（±5.0）

注　如果由于条件的限制，执行该表中的泵站效率有困难时，经双方协商同意，可用括号中的数值控制。

二、扬程测试

根据运行管理的需要，扬程分为泵站扬程、装置扬程和水泵扬程。

1. 泵站扬程和装置扬程的测试

泵站扬程 H_{st}（又称泵站净扬程）是指引水渠末端水位 ∇_3 与出水干渠渠首水位 ∇_4 之差，如图 8 - 5 所示，即

$$H_{st} = \nabla_4 - \nabla_3 \tag{8-44}$$

装置扬程 H_{sy}，在淹没出流情况下，是指进水管路进口处水位 ∇_1 与出水管出口处水位 ∇_2 之差，如图 8 - 5 所示，即

$$H_{sy} = \nabla_2 - \nabla_1 \tag{8-45}$$

如果出水管为自由出流，装置扬程为出水管口中心高程与进水池水位之差。

为了准确测定泵站扬程和装置扬程，需要正确选择测量断面，如图 8 - 5 所示。泵站扬程测量断面应选在引水渠末端（前池首端）和出水干渠首端（出水池末端）的水流平稳处。装置扬程测量断面应选在出水管路出口和进水管路进口的水流平稳处。

测量水位的方法和设备很多，常用的有水位尺、浮子水位指示器、水柱差压计、数字水位计等。用测井观测水位时，可以采用浮子水位指示器测量测井中的水位，直接读数时其灵敏度在 5mm 范围内。用固定水尺测量水位时，在需要测量水位的断面，靠近渠道或池壁上垂直安装水尺，并用水准仪测量水尺零点高程。

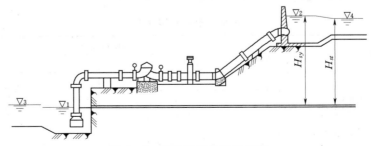

图 8 - 5　泵站扬程及装置扬程

2. 水泵扬程的测试

水泵扬程 H 是指水泵进、出口断面单位重力水的能量之差。通常用真空表和压力表测量。在测量中除了要正确选择测量仪表外，还要注意测压断面的选择和测压孔及导压管的布置。测压断面和测压孔的布置应选择流速和压力分布均匀并稳定的断面，如图 8-6 所示。测压孔直径为 2~6mm 或等于 1/10 管径，取两者的小值。孔的深度应不小于两倍孔直径；钻孔应垂

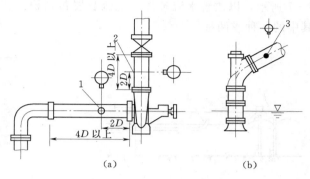

图 8-6　测压孔位置图
1—进口测压孔的位置；2、3—出口测压孔的位置

直于管内壁，并与壁面齐平，无毛刺。如管壁较薄，可以在管壁上钻孔，焊接螺帽连接测压嘴。测孔不宜布置在测压断面的最高点或最低点，以防聚积空气或被泥沙、杂草堵塞。对于 C 级精度的测试可以在适当位置布置 1~2 个测压孔，如图 8-6 所示。

离心泵的扬程的计算公式为

$$H = (Z_2 - Z_1) + M + V + \frac{v_2^2 - v_1^2}{2g} \qquad (8-46)$$

式中　$Z_2 - Z_1$——测压仪表基准面之间的高差，m；

　　　　M——压力表读数（折合成水柱高度），m；

　　　　V——真空表读数（折合成水柱高度），m；

　　$\dfrac{v_1^2}{2g}$、$\dfrac{v_2^2}{2g}$——进、出水侧测压断面的流速水头，m。

轴流泵扬程的计算公式为

$$H = Z_2 + M + \frac{v_2^2}{2g} \qquad (8-47)$$

式中　Z_2——测压基准面与进水池水面的高差，m。

三、流量测试

泵站流量测量可分为两种情况，一是进行单泵流量测量，二是泵站流量测量。根据现场测量的具体情况流量测量的方法有流速仪法、毕托管法、量水堰法、五孔球形探针法、食盐浓度法、差压法及流量计法等。泵站测试中常用的方法有如下几种。

（一）流速仪测定明渠中的流量

用流速仪法测定流量是用旋桨型流速仪，先测得过流断面上的点流速，根据点流速求过水断面上的平均流速，再乘以过水断面的面积，即得体积流量。用这种方法测量流量，要求渠道顺直，断面规整，过流断面与流向必须垂直。

1. 测流断面的选择

测流断面应选择在具有均匀流或渐变流的过流断面处，以保证过流断面为平面；在测流断面前后要分别具有大于 20 倍和 5 倍水面宽度的等截面平直段，以保证在测流断面附近不出现漩涡。测量断面要便于丈量，断面形状一般为矩形或梯形。如果在测流断面附近流速分布不均匀或水流不稳定，则可离开测流断面 3m 以外的地方，加设稳流装置，如图

8-7 所示，以改善水流条件。稳流装置包括稳流栅、稳流筏、稳流板，可根据需要选择其中的一种或两种。

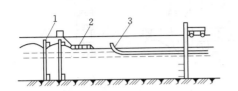

图 8-7　明渠稳流装置示意图
1—稳流栅；2—稳流筏；3—稳流板

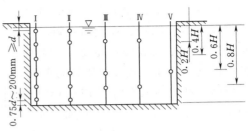

图 8-8　测点布置图

2. 测线与测点的布置

人工渠道一般为宽浅型，测线采用测速垂线。为了控制流速分布，测流断面上应布置一定数量的测点。通常在靠近渠道底部、边壁或水面附近，流速变化大，测线与测点布置的密些，而在水流中部可布置的稀些。测流垂线的数目一般不少于 5 根。每根测线上的测点数目和位置，分为多点法、六点法、三点法、二点法及一点法，如图 8-8 所示。该图中的 d 为流速仪螺旋桨直径。

3. 流速的测试

（1）流速仪的选择。为了保证和提高测试精度，在选择流速仪时应注意：①流速仪本身的精度要高，要求选择流速仪本身的均方差 $\sigma \leqslant 1.0\%$；②根据测量断面的尺寸选择相应的流速仪螺旋桨直径，并使断面流速在流速仪的测速范围内；③根据测量精度要求和信号记录设备，选择合适的螺旋桨转数。

（2）不同时测量的流速换算。当流速仪数量不足时，常将一排流速仪沿水平方向或垂直方向顺序施测。为避免测流时段内因水流不稳定而产生的流速差异，应在固定位置设置参考流速仪，并据此进行修正，任意点流速修正公式为

$$v_{i0} = v_{it} \frac{v_{r0}}{v_{rt}} \tag{8-48}$$

式中　v_{it}、v_{i0}——修正前 t 时刻和修正后的任意点流速，m/s；

$\qquad v_{r0}$——参考点在测量时段的平均流速，m/s；

$\qquad v_{rt}$——参考点在 t 时刻的流速，m/s。

（3）边壁流速的确定。渠道边壁、底部的流速不能直接测出，常用的推算式为

$$v_x = v_a \left(\frac{x}{a} \right)^{1/m} \tag{8-49}$$

式中　v_x——距边壁为 x 处的流速，m/s；

$\qquad v_a$——距边壁为 a 处的流速，m/s；

$\qquad m$——指数，取值区间为 4~10，一般取 7.0。

4. 流量的计算

在测点流速确定后，测流断面的流量可用图解积分法计算，如图 8-9 所示其步骤

如下。

（1）将同一测速垂线上的点流速值，按一定的比例点绘在测杆基线相应的位置，在推算边壁流速的同时，用光滑曲线连接成流速分布图，如图 8-9（b）所示。

（2）用图解积分法（图解积分法可用数方格或求积仪量面积等方法代替）计算各流速分布图上的曲线或基线所包围的面积，即为单宽流 q_i。

（3）在相应于测杆垂线的位置上，作单宽流量 q_i 在渠宽上的分布图，并推算边壁流量值，如图 8-9（c）所示。

（4）用图解积分法计算 q_i 分布曲线所包围的面积，即为断面流量。

梯形断面流量可按虚拟矩形断面流量计算，其高度为水深，宽度为水面宽。边壁流速曲线则以虚拟断面的边壁流速为零与单宽流量曲线连接，在梯形断面的那部分曲线，即为梯形断面的单宽流量曲线，量其所包围的面积，即为断面流量，如图 8-10 所示。

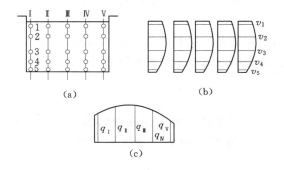

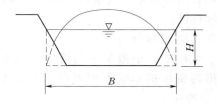

图 8-9　用图解积分法计算流量

（a）测点布置；（b）流速分布；（c）单宽流量分量

图 8-10　用虚拟矩形断面
计算梯形断面流量

（二）用流速仪测试出水管路中的流量

中、小型泵站出水管路直径在 $250\sim500mm$ 时，可用 CBL—1 型泵站流速仪测定单泵流量量。泵站流速仪是一种插入式管路流速仪，它由旋桨式流速仪、计时计数器和支撑架三部分组成，如图 8-11 所示。测流时将测流装置固定在被测管路中心，测出管路中心流速 v_c。断面平均流速计算公式为

$$\overline{v} = K_p v_c \qquad (8-50)$$

式中　$\overline{v}$——管路平均流速，m/s；

　　　v_c——管路中心流速，m/s；

　　　K_p——流速系数。

流速系数 K_p 与管径、流速、糙率以及测流断面前后的等直管段长度有关。直径 D 为 $250\sim500mm$ 的管路，当 $L\geqslant15D$ 及 $L'\geqslant2D$ 时，$K_p=0.88$，其中 L 为测流断面上游的直

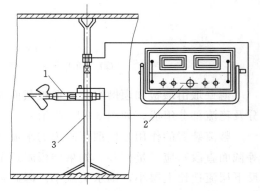

图 8-11　泵站流速仪测流装置

1—流速仪；2—计数器；3—支撑架

管段长度；L' 为测流断面下游的直管段长度。当 $10D \leqslant L \leqslant 15D$、$L' < 2D$ 时，在同一直径上分别距管壁 $0.125D$ 处增加两个测点，断面平均流速 $\bar{v}$ 的计算式为

$$\bar{v} = 0.25(2v_c K_p + v_2 + v'_2) \tag{8-51}$$

式中　　v_2、v'_2——同一直径两端距管壁 $0.125D$ 处的流速，m/s。

使用泵站流速仪测流时，应注意如下几点。

（1）测流断面前后要有足够长的直管段，否则，用 $K_p = 0.88$ 会产生较大误差。

（2）当采用内撑式或尾管式测架时，管路出口应当淹没于水下，以免水流不稳定而影响测量值。

（3）如果在测流断面有螺旋流存在，要求流速仪转动 2～3 个角度测量，取其测量值的平均值。

用泵站流速仪测流简单方便，计算工作量小，适用于直径 250～500mm 的管路；如果测量条件比较好，操作人员技术熟练，测量值的极限相对误差可控制在 ±3% 左右。

（三）量水堰法

对于明渠水流和非满管水流，可用量水堰测定流量。这种方法测量流量精度比较高，设备构造简单、测量技术容易掌握，这种测量流量的方法较早地被人们采用，并被列入国际标准。

1. 堰板结构

在中、小型泵站测流中，如果明渠上具备测流条件，可采用薄壁堰测定流量，根据薄壁堰的形状不同可分为三角形薄壁堰、矩形薄壁堰和全宽薄壁堰三种，如图 8-12 所示。

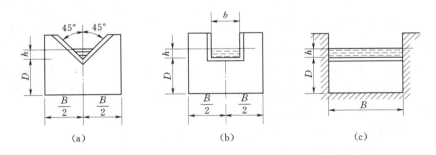

图 8-12　薄壁堰类型
(a) 三角形薄壁堰；(b) 矩形薄壁堰；(c) 全宽薄壁堰

薄壁堰由堰板和堰槽组成，堰板截面如图 8-13 所示。堰槽由导入部分、整流装置部分及稳流部分组成，如图 8-14 所示。

整流装置的作用是使堰板附近的水流速度分布均匀，为此整流装置前的导入部分（即等截面直段）应尽量长些。如果堰板附近下层流速比上层大，则收缩过多，水头增大；相反下层流速比上层小，则水头减小。因此，整流装置的结构必须上下一致。

2. 水头测试装置

水头测量装置包括测井、水位记录器、连通管，如图 8-15 所示。测量水位要求在堰

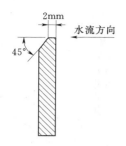

图 8-13　堰板截面

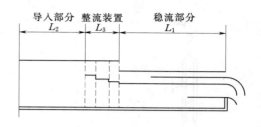

图 8-14　堰槽的组成

上游 3～5 倍最高水头处，以免在堰板附近水面受重力作用而下降；水面因风浪影响而产生的波动，可用导压管衰减。在堰槽侧壁开小孔，孔的位置要在堰口以下 50mm 以上，并距堰槽底面不小于 50mm。小孔用连通管与测井相连，连通管管径为 10～30mm。连通管可衰减水流波动，并便于在测井中用水位记录器记录。测井要有适当的直径，便于水位记录；要有足够的深度，以便泥沙等沉入井底。

　　堰的水头测量误差是造成测流误差的关键。在测量水头时应注意如下几点。

　　（1）测井的位置不能离堰板太近。

　　（2）测量水头时，水流不能附着堰板。

　　（3）零点测量要精确。在测量零点时，必须将水注满水槽，使水从堰口开始流出时的水面为零点。

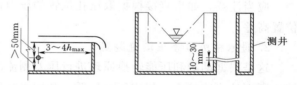

图 8-15　水头测量装置

　　3. 流量的计算

　　由于篇幅所限，流量的具体计算可参见 SD 140—85《泵站现场测试规程》。

　　（四）差压法

　　在水泵管路系统中，选择两个适宜的测压断面，通过测量压差来确定流量的方法称为差压法。在中、小型泵站一般常用以下两种方法。

　　1. 弯头流量计

　　弯头流量计利用弯头内、外侧产生的压力差进行测流。水泵进水管路弯头量水装置如图 8-16 所示。

　　计算流量的公式为

$$Q = C\mu D^2 \sqrt{\frac{R}{2D}} \sqrt{h} \qquad (8-52)$$

式中　Q——水泵流量，$\mathrm{m^3/s}$；

　　　C——常数，$C = \frac{1}{4}\pi\sqrt{2g}$，$\mathrm{m^{1/2}/s}$；

　　　μ——流量系数；

　　　R——弯头曲率半径，m；

　　　D——管路内径，m；

　　　h——弯头内外测量点的水头差，m。

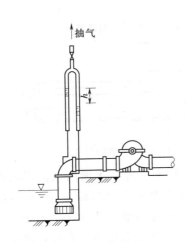

图 8-16 弯头流量计

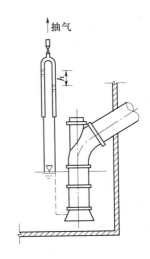

图 8-17 进口喇叭差压测流装置

应当注意，如果直接根据取压孔位置的压力计算压力差，则压差中应考虑两个测点的位置高差。

2. 进水喇叭口差压测流装置

这是根据动能和压能转换原理进行压差测流的装置。在中、小型轴流泵中，喇叭管的缩小断面处流速较高，相应压力较低，利用水柱差压计测量进水池静压与喇叭口缩小断面之间的压差，即可求出水泵的流量，如图 8-17 所示。

（五）流量计测试流量

目前测定管路流量的流量计主要有电磁流量计、超声波流量计、涡轮流量计等。这些流量计的工作原理虽然各不相同，但它们基本上都是由变送器（传感元件）和转换器（放大器）两部分组成。传感元件在管流中所产生的微电讯号或非电讯号，通过变送、转换放大为电讯号在液晶显示仪上显示或记录。

1. 电磁流量计

电磁流量计是利用电磁感应定律制成的流量计，当被测导电液体在内径为 D 的管路中以平均速度 v 切割磁力线时，便产生感应电动势，进而可计算出流量。

$$Q = \frac{1}{4} \frac{\pi E D}{B} \times 10^8 \qquad (8-53)$$

式中　Q——管内通过的流量，$\mathrm{cm^3/s}$；

　　　E——产生的电动势，V；

　　　D——管径，cm；

　　　B——磁力线密度，gs。

2. 超声波流量计

超声波流量计是利用超声波在流体中的传播速度随着流体的流速变化这一原理设计的。它将一对换能器（或者两对换能器）置于管壁内或管壁外，由换能器发射的超声波，穿过管壁和被测液体，被另一侧的换能器接收。被测液体处于静止时，收到的超声波信号没有差别；液体流动时，顺流和逆流发射的超声波速度发生变化，接收到的信号包含了与被测液体流速有关的差别，采用不同的方法，检测出这种差别，从而测出沿超声波传播路径上的被测流体的线平均流速，并由二次仪表指示瞬时流量和累积流量。

3. 涡轮流量计

涡轮流量计由涡轮流量传感器与显示仪表配套组成。可测量液体的瞬时流量和累计流量，也可以对液体定量控制。

被测液体流经流量传感器时，传感器内叶轮借助于液体的动能而旋转。此时，叶轮叶片便检测出装置中的磁路磁阻发生周期性变化，因而在检出线圈两端就感应出与流量成正比的电脉冲信号，经前置放大器放大后送至显示仪表。

在流量测量范围内，传感器的流量脉冲频率与体积流量成正比，这个比值即为仪表系数，流量的计算公式为

$$Q = \frac{f}{K} \tag{8-54}$$

式中　　Q——体积流量，m^3/h；

　　　　f——流量信号频率，Hz；

　　　　K——仪表系数。

每台传感器的仪表系数 K 由制造厂填写在检验证书中，并将 K 值设置于配套的仪表中，涡轮流量计可显示出瞬时流量和体积流量。

（六）五孔球形探针法

五孔球形探针的测流原理为流速面积法。与流速仪法的主要区别是：一是利用五孔球形探针代替流速仪，可测出每个测点的三维流速，通过计算轴向流速分布来计算流量；二是测流断面选择在水泵叶轮进口附近，此处流速分布比较均匀，测试精度高。

直接和水流接触的量测设备为直头式五孔测针，头部带有五个小孔的毕托管球，结构如图 8-18 所示。球头直径近 5mm，测杆直径 8mm。根据管路直径的大小，可以采用一根或多根测针，采用同时或不同时测量的方法来测量管路中的流速分布。

五孔测针法具有测流精度高，安装方便的优点。但在采用一根测针测量时，由于采用逐点测速，不能同步测量，所以影响到测试精度，为提高测试精度，将测针采集到的数据通过导管传到差压变送器，转换成标准电流信号传输到计算机采集处理系统既可计算出流量。

五孔测针测流装置经风洞精密标定，流速测量精度可达 ±1%。测量时只需利用差压计测出孔 3 与孔 1、孔 2 与孔 4 的压差，即可计算出测量点的水流速度和方向。其流速计算式为

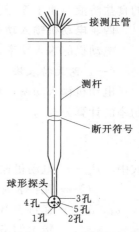

$$v = \sqrt{\left(\frac{h_2 - h_4}{K_2 - K_4} + \frac{h_3 - h_1}{K_3 - K_1} \right) g} \tag{8-55}$$

式中　　　　　　　v——测点流速，m/s；

h_1、h_2、h_3、h_4——分别为对应测孔的压力水柱高度，m；

K_1、K_2、K_3、K_4——分别为对应测孔的率定系数。

图 8-18　五孔测针
测流装置

利用五孔测针测流时，应注意以下几点。

（1）测试断面应选择在水流比较稳定的断面上，如直管段或叶轮进口断面等，所测断面不能有回流。

（2）正确设计测线，一般按射线法布置测点，测点的数目最少按管路中流速仪布置的要求设置。

（3）安装孔的加工要精确，应保证测针位于所设计的测线上。

（4）测试前要排除测针和连接管中的空气，否则会引起较大的测量误差。

（5）在多泥沙、多杂物的水流中测试时，应注意水柱或流速显示值的变化规律，如发现异常，应认真分析原因或检查测孔是否被污物堵塞。

（七）食盐浓度法

食盐浓度法是示踪法测量流量中的一种方法。根据目前国产的仪器设备性能和已经取得的现场试验资料，证明以食盐为示踪物并恒速注入的食盐浓度法用于单泵流量的测量，可以获得较高的精度。以衡量的食盐溶液，均匀连续地喷到水泵进水管路的水流中，在出水管路上盐溶液与原水充分混合的地方取出混合水样，通过化学分析，测定稀释倍数，即可计算出水泵的流量，其计算公式为

$$Q = \frac{C_1 - C_0}{C_2 - C_0} = (R+1)q \tag{8-56}$$

式中　Q——水泵的流量，m^3/s；

　　　q——注入食盐的流量，m^3/s；

$(R+1)$——稀释倍数；

　　　C_1——注入食盐溶液中氯离子的浓度；

　　　C_2——混合水样中氯离子的浓度；

　　　C_0——注入食盐溶液前原水中氯离子的浓度。

食盐浓度法测量流量不需要测量过流断面的几何尺寸，不要求均匀对称的流速场。因此，不要求有足够长的顺直管段，而混合水流通过弯管、扩散管等管路时更有利于注入的食盐溶液与原水充分混合。

四、电动机输入功率测试

电动机的输入功率，可采用下述两种方法进行测定。

（一）两瓦特表法

电动机输入功率，可用两只单项瓦特表测量，接线方法如图 8-19 所示。电动机输入功率的计算公式为

$$P_{gr} = \frac{C(\alpha_1 + \alpha_2)}{1000} \tag{8-57}$$

式中　P_{gr}——电动机输入功率，kW；

　　　C——瓦特表常数，W/格；

α_1、α_2——瓦特表 W_1 与 W_2 指针偏转后指示的格数。

两只瓦特表的读数与负载的功率因数有

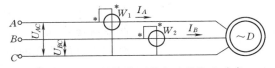

图 8-19　两瓦特表测量电动机输入功率

关。当 $\cos\varphi=1$，即 $\varphi=0$ 时，则两瓦特表读数相等。当 $\cos\varphi=0.5$，即 $\varphi=60°$ 时，将有一只瓦特表的读数为零，另一只瓦特表指示出三相电路的总功率。当 $\cos\varphi<0.5$，即 $\varphi>60°$ 时，其中一只瓦特表的读数为负值，此时该表反转。为了取得读数，需将该表电流线圈两个端钮对换，使指针向正方向偏转。这时电动机输入功率等于两瓦特表读数之差。

当被测电动机电压较高，电流较大时，可采用互感器来扩大瓦特表的量程。

采用两瓦特表法测量电动机输入功率时，配用互感器的精度等级不低于 0.2 级，当电压为 500V 以上时，可采用精度等级为 0.5 级的电流互感器。瓦特表精度等级采用 0.5 级。

（二）电能表法

中、小型泵站的电能表一般都经过校正，根据某一时段内电能表转动的圈数，就可求出电动机在该时段内的平均输入功率，它测量的精度要比两瓦特表法低。

用电能表测定电动机的输入功率，其计算公式为

$$P_{gr} = \frac{3600n}{Nt} K_{CT} K_{PT} \qquad (8-58)$$

式中　N——电能表常数，每千瓦时的转盘转数；

　　　n——在 t 时间内电能表转盘转数；

　　　t——测定时间，s；

K_{CT}、K_{PT}——电流及电压互感器变比。

一般采用电能表转盘每转 10 转所需的秒数来计算电动机的输入功率，即

$$P_{gr} = 10 \frac{3600n}{Nt} K_{CT} K_{PT} \qquad (8-59)$$

五、水泵轴功率测试

水泵轴功率一般采用钢弦扭矩仪进行测试。钢弦扭矩仪系相对转角式扭矩仪，可测量作用于转轴上的扭矩、转速和功率。

两只钢弦传感器分别装在套筒的凸台上，当被测轴转动承受扭矩时，就产生扭转变形，两相邻截面扭转一个角度，两套筒体间也随之扭转同一角度。一个钢弦受到拉应力（称为拉弦），另一钢弦受到压应力（称为压弦）。在被测转轴的弹性变形范围内扭转角及钢弦的受力情况均与外施力矩成正比。因为钢弦振动频率的平方变化与钢弦两端所受的力成正比，所以可通过测量钢弦振动频率的变化来测定转轴所承受的扭矩。再由测速装置测得转轴的转速，即可求出轴功率。轴扭矩和轴功率的计算公式为

$$M_k = \frac{GJ}{RL} \frac{C_1 \Delta S_1 + C_2 \Delta S_2}{2} \times 10^{-2} \qquad (8-60)$$

$$P = \frac{GJ}{RL\,97403} \frac{C_1 \Delta S_1 + C_2 \Delta S_2}{2} n \qquad (8-61)$$

式中　M_k——水泵轴扭矩，kgf·m [1]；

　　　P——水泵轴功率，kW；

---

[1]　kgf·m 为力矩、扭矩的惯用单位，非法定计量单位，其法定计量单位为 N·m。1kgf·m＝9.80665N·m≈10N·m。

G——被测轴剪切弹性模数，对于一般钢材取 $G = (8.1 \sim 8.5) \times 10^5$，$kgf/cm^2$❶；

J——被测轴惯性矩，$J = \dfrac{\pi}{32}(D_1^4 - D_0^4)$；

D_1、D_0——被测轴外、内径，cm，对于实心轴 $D_0 = 0$，cm^4；

L——套筒内两只卡环间的距离，cm；

R——传感器钢弦中心至转轴中心的距离，cm，由所采用套筒尺寸决定；

C——传感系数，cm/格；

ΔS_1、ΔS_2——被测轴承受扭矩时，拉、压弦传感器的钢弦变形，在接收仪刻度盘上分别对应的读数与"零值"的差数称为格差，格；

n——被测轴转速，r/min。

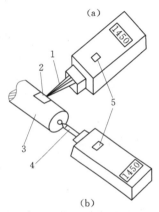

图 8-20   数字式手持转速
表测速示意图

（a）非接触式转速表（上半部分）；（b）接触式转速表
（下半部分）

1—光束；2—反射标记；3—转轴；4—测头；5—开关

用钢弦扭矩仪测试轴功率时要掌握如下要点。

（1）在被测轴上选一段 200mm 以上长度的轴，表面擦干净，以便安装套筒，精确测定该段轴的直径，根据实测轴径选用套筒规格，并制造卡环。

（2）根据被测轴的功率、转速或扭矩，选用相应系数的传感器。

（3）根据测试现场具体情况，参照施测仪器的使用说明书，正确安装刷架和套筒。

（4）在被测轴未受力之前，应首先调整传感器的"零点"。为了保证测量的精确性，在正式测试前应进行盘车。

（5）测试应在工况稳定的情况下进行，每点必须测量 3～5 次，取其平均值作为该工况的测量值。

（6）传感器系数应定期复测。

六、转速测试

转速测试的方法有手持转速表、数字测速仪等。手持转速表有离心式和数字式两种，前者是在动力机或水泵轴端直接测量转速，其精度较低；后者又可分为接触式与非接触式两种，如图 8-20 所示。非接触式转速表是用反射标记检测转速，仪表不接触旋转部件，但需在旋转体上贴一张反射标记。数字式转速表的测量精度较高，仪表误差仅 1r/min。

以上阐述了泵站主要参数的测试原理和测试方法。从测量的实际情况知，由于测量仪表本身存在着误差及测试过程中测试人员操作仪器的熟练程度和视差，因此在任何一项参数的测量中，误差总是难免的。为了评定测量参数的精确性，应对测量的各参数和综合计算的结果进行误差分析和估算。关于误差分析的基本理论和各单项测量误差、综合误差的估算，SD 140—85《泵站现场测试规程》和有关书籍中均有介绍，这里不再赘述。

---

❶ kgf/cm^2 为弹性模量的惯用单位，非法定计量单位，弹性模量的法定计量单位为 Pa。$1kgf/cm^2 = 98kPa$。

第六节　泵站技术改造

我国的机电排灌工程大部分为 20 世纪 60 年代、70 年代或以前建成的，经过 30～40 年或更长时间的运行，有些泵站超期"服役"、带"病"运行、设备老化严重；另外，有的泵站原规划设计不合理；有的则因自然条件发生变化等致使泵站运行效率低、能源单耗大、运行费用高、排灌效益锐减、安全运行无保障。还有的不少泵站因社会和经济发展等原因要求排灌标准不断提高，泵站提水流量和运行的可靠性无法满足社会经济可持续发展的需要。但由于资金短缺，目前很难对泵站进行重建。因此，对泵站进行技术改造，提高泵站效率是泵站管理中费省效宏的重要途径。

泵站技术改造是在原有泵站工程设施和机电设备的基础上，通过调查研究、泵站测试、统筹安排，采用机电排灌的新技术、新工艺、新方法、新设备，提高泵站的排灌能力，全面提高泵站的技术经济指标，充分发挥现有机电排灌设施的潜能，提高泵站的经济效益和社会效益，实现以内涵发展为主的发展模式，实现泵站的可持续发展。

一、技术改造的主要目标

中、小型泵站的技术改造规模虽然不大，但一般基础条件较差，是一项涉及面广、需要改造的项目多、技术性强的复杂工作。因此，进行泵站的技术改造要认真做好调查研究、全面规划、统筹兼顾、合理安排、认真对待、慎重处理。泵站测试是泵站技术改造的重要环节，其测试的数据是泵站技术改造的重要依据。泵站技术改造前、后都必须进行现场测试。

泵站技术改造方案要进行充分的技术经济比较，在全面技术论证的基础上，选定技术改造的最优方案，以最少的资金投入，取得最好的效果，达到泵站运行效率高、能源消耗少、运行费用低、安全运行的目的。根据 SL 255—2000《泵站技术管理规程》的要求，经技术改造后泵站的主要技术经济指标应达到下列目标。

（1）装置扬程在 3m 以上的大、中型轴流泵站与混流泵站的装置效率不宜低于 65%；装置扬程低于 3m 的泵站不宜低于 55%。

（2）离心泵站，在抽清水时，其装置效率不宜低于 60%；在抽吸浑水（含沙水流）时，其装置效率不宜低于 55%。

（3）对于电力泵站能源单耗不应大于 $5kW \cdot h/(kt \cdot m)$。

（4）对于内燃机泵站能源单耗不应大于 $1.35kg/(kt \cdot m)$。

（5）泵站的提水流量要达到设计标准。

（6）泵站工程的完好率要达到 80% 以上。

（7）设备完好率对于电力泵站要达到 90% 以上；对于内燃机泵站要达到 80% 以上。

二、技术改造的措施

前已叙及，泵站效率为动力机效率、传动装置效率、水泵效率、管路效率、进、出水池效率的乘积，泵站效率综合反映了泵站机电设备、管路及工程设施运行的技术状况。因此，提高泵站效率，降低泵站能耗，就必须对上述五个方面进行技术改造，以提高各部分的效率。

（一）提高动力机的效率

动力机的效率为动力机的输出功率与输入功率之比。提高动力机效率，除了从动力机的设计、制造等方面加以改进外，使用单位应注意以下问题。

1. 合理配套

动力机和水泵必须合理配套。配套时功率备用系数不宜太大，能满足动力机在运行中不超载即可。因为电动机负荷不足时，电动机的效率降低，增加电动机的能量消耗；同时电动机的功率因数也降低，增加了输电线路和变压器的损耗。电动机的效率和功率因数随负载变化的情况见表 8-8。柴油机的负荷不足时，燃油的消耗率增加，见表 8-9，动力性和经济性也较差。

表 8-8　　　　　　　　10kW 以上电动机功率因数和效率随负载变化情况

负载情况	空载	1/4 负载	1/2 负载	3/4 负载	满载
功率因数 $\cos\varphi$	0.2	0.50	0.77	0.85	0.89
效率 η（%）	0	0.78	0.85	0.88	0.875

表 8-9　　　　　　　　　　柴油机耗油率与负载的关系

负载程度	100%	75%	50%	25%
燃油效率增长倍数	1.00	1.05	1.20	1.30

实践证明，电动机的效率随运行时间几乎不发生变化，主要与负荷率有关。一般电动机的负荷率 $\beta\geqslant0.7$ 较经济；当 $\beta\leqslant0.5$ 时，可采取下列措施。

（1）在泵站技术改造中，电动机应以调整配套为重点，不宜采用电动机更新换代来提高泵站效率。

（2）负荷率低于 0.4 的电动机应在原有电动机中优先调整。

（3）对于测试中发现用电量过多的个别电动机，应对电动机效率测试后，再决定是否进行淘汰更新。

（4）改变电动机绕组的接线方法。对于电动机的实际负荷比额定负荷小得多的情况，而一时又无法更换较小容量的电动机时，将△接法的电动机改为Ｙ接法，使其合理配套，达到良好的节能效果。

（5）如果水泵选型不当，使得运行中电动机的实际负荷率小于额定负荷时，应采用电动机调速的方法，在不降低传动装置效率的前提下，使水泵处于高效区运行，从而提高装置效率，达到良好的节能效果。电动机的调速方式有变频调速、串极调速、改变电动机转差率调速、斩波内馈调速等调速措施。

变频调速具有优异的性能，调速范围较大，平滑性较好，变频时电压按不同规律变化可实现恒转矩或恒功率调速，以适应不同负载的要求，是异步电动机调速最有发展前途的一种方法。缺点是必须有专门的变频装置；在恒转矩调速时，低速段电动机的过载倍数大为降低，甚至不能带动负载。

串级调速具有调速范围广，效率高，便于向大容量电动机发展。它的应用范围广，也可用于恒转矩负载。缺点是功率因数较低。

改变转差率调速是通过调节电动机的转差率实现调速。这种方法只适用于异步电动机，其同步转速不变，可以通过调节电动机定子电压、串级、改变串入绕线式电动机转子电路的附加电阻等方法来实现调速。转差率调速效率低，调速的经济性较差。

斩波内馈调速是基于转子的高效率电磁功率控制调速，通过将转子的部分功率（电转差功率）移出来，使转子的净电磁功率发生改变，电动机转速就得到相应控制。为了获得高性能的调速，内馈调速在电动机定子上另外设置了内馈绕组，用来接收电转差功率，有源逆变器使内馈绕组工作在发电状态，通过电磁感应将功率反馈给电动机定子，使定子的有功功率基本与机械输出功率相平衡。

斩波内馈调速与高压变频调速相比，不仅价格低廉，而且调速效率高，设备结构简单，投资回收期短，是一种较好的调速方式，具有很好的实用性和经济性。

变极调速通过改变电动机的磁极对数实现调速，它可以获得恒转矩调速特性或恒功率调速特性。这种调速方式具有控制简单、维护方便、价格低等优点；其缺点是有级调速，且定子绕组抽头较多，接线较复杂。

在泵站技术改造中应根据泵站的具体情况及各种调速方法的特点，选择适宜的调速方案。

对于柴油机机组而言，如果已投产使用的机泵不配套，除更换合适的柴油机型号外，可根据负荷的变化来改变柴油机的转速，使柴油机在耗油率较小的经济工况区工作。

2. 加强维护

定期检修电动机，提高电动机运行的机械特性，减少机械损耗，可以提高电动机的功率因数。对于长期运行绝缘老化的电动机，进行绝缘处理，并可提高电动机运行的可靠性。

柴油机要加强机务管理。为了减少机械摩擦损失，要保证各相对运动零部件之间有适当的配合间隙；要选择适宜的润滑油，保持正常的润滑油温。为提高柴油机中柴油的燃烧效率，在运行中应按最佳提前角供油，提高喷油的雾化质量，按规定调整配气相位，以及控制冷却水温等。

（二）提高传动装置效率

通过传动装置将动力机的功率传递给水泵。传动装置的选择和使用，不仅影响传动效率，而且对动力机、水泵和管路效率都有影响，从而影响到水泵装置效率的高低和泵站能耗的大小。

1. 传动装置在泵站技术改造中的作用

（1）对于扬程变化很小、动力机和水泵选型合理的泵站，水泵运行的工况点比较稳定，水泵效率、管路效率和动力机的效率也比较稳定。传动效率越高，水泵的装置效率越高，泵站能耗越少。选择传动效率较高的传动装置，可以获得较好的节能效果。

（2）对于扬程变化很小，而水泵选型不合理的泵站，其中有些水泵的额定扬程高于泵站需要的扬程，水泵运行时的流量大于额定流量，水泵的效率低，管路水头损失大，管路效率降低。对于这类泵站如果选择适宜的传动装置，在动力机转速不变的情况下，降低水泵的转速，可以使水泵、管路和动力机的效率都得到提高，在这种情况下，即使传动效率稍微有所下降，仍能获得较高的装置效率。

（3）对于扬程经常变化的泵站，只有水泵在高效范围内运行，才能获得较高的装置效率。偏离高效范围后，水泵、管路和动力机的效率均会下降。这时如果采用调速的传动装置（或采用调速电动机），则可保证工况点偏离水泵的高效范围后，仍能保持较高的装置效率。

2. 传动装置的技术改造

传动装置的效率为水泵轴功率与动力机输出功率之比的百分数。如果动力机的转速能够满足水泵运行的需要，即转速相等或接近（相差不超过2％）时，应把间接传动改为直接传动。当水泵工况变化较大，水泵的轴功率变化也较大，而动力机又无法调速时，可将直接传动改为皮带传动。直接传动改为皮带传动后，传动效率有所下降，但水泵及管路的效率有所提高。因此，当把直接传动改为皮带传动时，必须保证泵站效率有所提高，才能获得良好的节能效果。皮带传动应尽量避免采用交叉、半交叉的传动方式。传动装置的安装精度，也直接影响传动效率。如直接传动时联轴器不同心，将造成传动效率降低。皮带传动时轴距过大或过小，以及皮带装得过紧或过松都影响到传动效率。如果皮带安装正确，平皮带最高效率可达98％，三角皮带也可达94％；如果安装不正确、打滑比较严重，平皮带传动效率可降到94％以下，三角皮带可降到90％，这样会造成较大的能量损失。为了减少打滑现象，达到设计传动比，且又能提高传动效率，可以采用同步齿形传动带。这种传动带是以钢网绳、玻璃纤维绳等组成的环形胶带作为强力层，工作面有齿，皮带轮也是齿形，靠齿的啮合传动。因此，效率较高，而且轴的压力小，结构紧凑，耐油耐磨性能好，但价格较高。

（三）提高水泵的效率

保证水泵高效运行，是提高泵站效率的重要环节。水泵的效率与水泵的设计、制造水平，水泵的运行及水泵的管理水平有关。泵站技术改造可以从如下几个方面加以改进与提高。

1. 复核水泵选型的合理性

根据水泵性能及管路系统，复核水泵在设计扬程、最高扬程和最低扬程时的工作参数。要求在设计扬程时，水泵在高效范围内运行；在最高与最低扬程下，水泵能安全稳定地运行。如某泵站，设计泵站扬程4.24m，常年运行扬程2.5～4.2m，而所配轴流泵的设计扬程7.0m。由于水泵经常在低扬程下工作，使工况点超出高效区，而轴流泵的效率曲线变化较陡，水泵运行的效率大为降低，造成水泵长期低效运行。

造成水泵长期低扬程运行的主要原因是：这类泵站多建于20世纪50～60年代，泵站设计时由于水泵型号较少，没有合适泵型可选；或因当时货源缺乏，而工程又急于上马，只能选用其他泵型；另外按照较高保证率确定的设计扬程偏高，甚至有的按最高扬程选泵，从而造成实际扬程低于水泵设计扬程。

对于经过复核扬程、功率和转速配套不合理的水泵都应进行调节或改造。

2. 合理调节水泵性能

如果水泵工况点的性能参数不符合实际需要，水泵长期偏离高效率区运行，这时可采用改变水泵性能曲线的方法来调节工况点，使水泵的工作符合实际需要。对于离心泵和蜗壳式混流泵（转数 n_s <350），一般可采用调速、变径的调节方法。对于叶片可调的轴流

泵、混流泵，一般采用调速、变角的调节方法。这三种调节水泵工况点的方法前已叙及，此处不再重复。

3. 更新水泵或部件

在 20 世纪 50 年代、60 年代，甚至 20 世纪 70 年代所建成的泵站中，由于当时受设计、工艺、材料和检测水平的限制，加之设备配套、技术管理及安装维修不善，经过长期运行，目前设备技术状况普遍较差。因此，对于那些选型配套不合理以及陈旧、质次、低效的水泵，应有计划的进行更新。

对于一些选型配套不合理，而超出调速、变径、变角调节范围；水泵工况点的性能参数与实际需要相差较大；或者经使用后叶轮等部件已经磨损，这时可考虑更换水泵部件，使水泵的工作符合实际需要。如果所选水泵的扬程远大于泵站所需要的扬程，可以采用高比转数的高效优质叶轮替换原有叶轮，不仅使水泵的效率提高，而且出水量增加，耗能减少。如某泵站，泵站扬程 2.0～2.5m，选用 20ZLB—70 型轴流泵，水泵扬程大于实际需要的扬程，采用 20ZLB—100S 型轴流泵的叶轮和导叶体后，经测试当泵站扬程为 2.5m 时，水泵流量由 $0.336m^3/s$ 增加到 $0.475m^3/s$，增加了 41.3%，装置效率由 42.1% 提高到 48.0%。还有的泵站将原 12Sh—19A 型泵的叶轮更换规格、质量较好的叶轮后，水泵流量由 $0.129m^3/s$ 增加到 $0.149m^3/h$，装置效率由 24.5% 提高到 45.10%

对于使用年限较长的水泵，如果叶轮、导叶、泵壳、减漏环、轴封装置等零部件的磨损比较严重时，可以用修补或更换的方法进行改造。

对于制造质量差的水泵，如果叶轮、导叶、泵壳等部件不光滑，应按水泵设计要求进行打磨，使之达到或接近设计要求的光洁度。

对于运行中汽蚀严重的水泵，为了改善水泵的汽蚀性能，可以采用汽蚀性能好的叶轮取代原有叶轮。这样不仅使泵站运行正常，改善汽蚀性能，增加水泵的出水量，而且提高了泵站效率。如某泵站，安装 40ZL—90 型轴流泵，水泵在低水位运行时，淹没深度不足，形成漩涡、进气现象，造成水泵汽蚀，水泵效率下降。特别是抗旱抢水时，水泵的运行条件更差，使水泵叶片汽蚀掉 1/3，叶轮外壳形成 100mm 宽的带状蚀环，中间部位也形成深槽，最深处达 25～29mm，接近于壁厚 30mm。另外，汽蚀的发生还使水泵运行时产生噪声和振动，使水泵的运行条件更加恶化。该泵站采用汽蚀性能好的叶轮替换了原叶轮，并更换了叶轮外壳和导叶体。进行技术改造后，汽蚀现象基本消除，运行近 10 年经检查叶轮和叶轮外壳没有发现汽蚀的痕迹；水泵流量由原来的 $1.888m^3/s$ 增加到 $2.374m^3/s$，增加 25.7%；泵站效率增加了 16.87%。

在多泥沙河流上抽水的水泵，叶轮受泥沙磨损，出水量减少，更换新叶轮后，可恢复其出水量。

离心泵、混流泵长期运行后，叶轮的密封间隙因磨损而增大，当从多泥沙水源取水时磨损更加严重。减漏环间隙加大后，水泵出水流量减少，水泵效率下降。因此，在使用过程中，应定期监测减漏环间隙，如不满足要求，应及时进行更换。如 300S—12 型和 12Sh—19 型水泵，当叶轮与减漏环的单边间隙由 0.4mm 逐步增加到 3mm 时，300S—12 型水泵流量下降 14.36%，装置效率下降 7.4%；12Sh—19 型泵流量下降 16.4%，装置效率下降 7.7%。

4. 加强水泵的维护保养

水泵长时间运行后，不可避免地会产生磨损，增加泵内的能量损失，降低水泵的效率。因此，加强监测工作，及时进行维修保养，更换损坏的零部件，保证水泵长期高效运行。

5. 保证水泵安装质量

水泵工作性能的良好与否，与水泵的安装质量有很大关系。如果安装质量不符合要求，不仅降低水泵的效率，严重时还将产生振动和噪声，引起电动机过热，甚至不能运行。立式机组要保证各轴线位于同一条垂线上。叶片可调的轴流泵和混流泵，各个叶片的安装角度应相等。对于蜗壳式水泵，蜗壳轴心与叶轮轴线应重合，如果偏离运行时产生振动，影响水泵的效率。

（四）提高管路效率

管路效率为水泵装置净扬程与装置扬程之比的百分数，而装置扬程为装置净扬程与管路水头损失之和。管路水头损失与管路通过的流量、管长、管径、管材、管路附件的类型和数量，以及管路的安装质量等因素有关，提高管路效率，可采取如下措施。

1. 采用经济管径

在中、小型泵站的建设和改造中，管路的投资占泵站工程投资比重较大，特别是高扬程和远距离输水的泵站，其比重更大。而管路直径的大小不仅影响到泵站工程的投资，同时又直接影响到泵站效率的高低。当管路长度和管路通过的流量一定时，管径选得越大，流速越小，水头损失越小，消耗的能源越少，但管路投资大；若管径选得小，则情况与上述相反。因此，合理的确定管路直径，无论对提高泵站效率、节约能源，还是对减少工程投资都有重要意义。经济管径的确定方法详见第四章第四节。

2. 缩短管路长度

缩短多余的管路长度，不仅可节省管路投资，而且还能减少沿程水头损失，因此，应最大限度地缩短管路长度。

对于卧式混流泵和离心泵，以往在管路布置时常布置成折线，从而造成管路长，弯头多。泵站技术改造时可根据进、出水池水位的高低和进出水池的位置，将水泵倾斜安装，将管路折线布置改为直线布置，不仅缩短管路长度，同时可减少2个45°弯头。双吸离心泵采用倾斜安装后，可省去管路上的所有弯头，进出水管路直进直出；卧式混流泵采用倾斜安装后，除进水管路上设置一个弯头外，可省去出水管路上的所有弯头，对于中、小型水泵，每减少一个90°弯头，可减少局部水头损失 0.18～0.27m。

3. 减少管路附件

管路附件的局部水头损失系数大，引起的水头损失也较大，运行时必然消耗大量的能量。因此，应尽量减少不必要的管路附件。

底阀在管路附件中局部水头损失系数最大，产生的水头损失也最大。据有关资料，底阀产生的水头损失占进水管路水头损失的 50%～70%，如一个 250mm 直径的有滤网的底阀，其局部水头损失系数 $\xi=44$，局部水头损失可达 1.9m。另外，底阀也给运行管理带来许多不便。有些泵站取消了底阀，改用真空泵充水，取得了较好的节能效果。

为了减少管路进、出口处的水头损失，可在进水管路进口装喇叭口，对于斜装进水管路，可在进口装平削管或特制的喇叭口；在出水管路出口采用扩散管，节能效果显著。如某泵站仅在进水管进口加装喇叭口，就使泵站效率提高 4%～7%；再有某泵站在出水管路出口加装圆锥形渐扩管，管路效率提高 3%左右，泵站效率提高 1%左右。

逆止阀是单向阀，其作用是防止停泵后水的倒流。正常运行时，逆止阀中的阀板被水流冲开，停泵时靠阀板自重和倒流水的作用而关闭。因此，逆止阀不仅造成较大的局部水头损失，而且停机时产生较大的水锤压力，可能使水泵和管路遭到破坏。实践证明，扬程较低的（低于 40m）的泵站可以取消逆止阀而在管路出口加装拍门防止停泵后水倒流。扬程为 60～100m 的泵站能否取消逆止阀，应通过技术论证或试验后确定。而扬程超过 100m 的泵站，最好采用微阻缓闭式逆止阀取代普通逆止阀，不仅可以减小局部水头损失，而且可以消除水锤的危害。

拍门是安装在出水管路出口的单向阀门。由于其结构简单，造价低廉，在排灌泵站中被广泛使用。拍门的局部水头损失系数与其开启角度有关。当开启角度为 60°时，局部水头损失系数为 0.1；如开启角度减少到 20°时，局部水头损失系数可增加到 2.5。因此，增大拍门的开启角度对节能非常重要。拍门的开启角度与很多因素有关，如管口水流流速、拍门的自重等。增大拍门开启角度的主要措施是减轻拍门重量或加装平衡锤。所以有些泵站把铸铁拍门改为轻质拍门，或浮箱式拍门，或加装平衡锤加大开启角度。如某泵站未加平衡锤时拍门的开启角度为 $\alpha = 34.1°$；加平衡锤后拍门的开启角度增加到 $\alpha = 45.82°$，拍门的开启角度增加了 11.72°；泵站效率由加装平衡锤前的 33.43%，提高到加装平衡锤后的 40.90%，泵站效率提高了 7.47%；水泵出水流量由加装平衡锤前的 2.22m³/s，增加到加装平衡锤后的 2.45m³/s，水泵流量增加了 0.23m³/s。水泵停机拍门关闭时，拍门下落的较缓慢，关闭时的撞击声很小，撞击力也较小，基本没有振动，且没有发生拍门二次被打开的现象。对于扬程较低的泵站，减轻拍门重量或加装平衡锤后，节能效果更为明显。拍门的重量或所加装平衡锤的重量应经过详细计算后确定。对于大型泵站的拍门，还可以加装油压缓冲装置。另外，要加强拍门的维修养护，对门座转轴处要注意加添润滑油脂，以防锈蚀影响拍门的开启角度，或锈蚀严重后，使拍门脱落造成事故。为防止管内产生负压增加拍门关闭时的冲击力，在拍门附近的管路上安装消除负压的通气管。

闸阀一般安装在离心泵抽水装置中，闸阀全开时局部水头损失系数并不大，但开启较小时，局部水头损失系数会急剧增加，从而降低管路效率，增加泵站能耗。因此，用改变闸阀开度的方法调节流量很不经济，泵站运行时要求闸阀处于全开状态。

4. 消灭“高射炮”式出流

所谓“高射炮”式出流是水泵出水管出口位于出水池水面以上的出流。这种出流方式使泵站装置扬程增加，水泵工况点向左移动，水泵的出水量减小，效率降低。“高射炮”式出流的泵站，可将出口改装成虹吸式出流。停机时为防止出水池中的水倒流，应有破坏真空的设施。小型泵站可在虹吸管的上升段相应于出水池设计水位处装通气管，通气管的面积一般为出水管断面面积的 5%～8%；大、中型泵站可采用真空破坏阀。如某泵站安装 12HBC—40 型水泵，出水管出口高出水池水位 60cm，改为淹没出流后，泵站效率由原来的 44.15%，提高到 51.05%。

5. 确保管路的密封性

如管路安装质量不好，或管路产生裂缝在负压区空气进入管内，在正压区管内的水流向外渗漏。空气进入管路后，过水断面面积减少，管路水头损失增加，管路效率下降；如果空气停留在局部低压区，管路内水流不稳定，加剧机组振动。空气吸入水泵后，水泵流量减少效率下降，如直径300mm的进水管路进入空气量为水泵流量的1.5%时，水泵出水量开始下降，当进气量增至水泵流量的4%时，水泵的流量减小40%，效率大幅度下降。如进气量继续增加，可能使水泵停止出水。渗漏量的增加也会降低管路效率。

（五）提高进出水池效率

泵站进、出水池水流条件的良好与否，不仅影响到进、出水池效率的高低，同时也影响到水泵效率和泵站效率。进水条件的不良，对立式机组的水泵效率和泵站效率影响尤为突出。为提高进出水池效率，技术改造时可采取如下措施。

1. 改变不合理的进出水池形状和尺寸

如果前池、进水池的形状、尺寸设计不合理，不仅增加前池和进水池的水头损失，还将导致前池和进水池内发生漩涡、回流等现象，这种不良流态使水泵效率下降，严重时空气随漩涡进入水泵，使水泵运行时产生振动和噪声。应当指出，前池和进水池设计不合理，因流态不良对水泵运行效率所产生的影响远比前池和进水池水头损失所产生的水泵装置效率的下降要大得多。因此，前池和进水池的技术改造，一方面是减少前池和进水池的水头损失，另一方面是使池中具有良好的流态，保证水泵具有良好的进水条件。特别是对于立式轴流泵，由于叶轮淹没于进水池水面以下，进水池的不良流态直接影响到水泵进口的流速和压力的分布，对水泵的运行条件和效率影响很大。对于正向进水前池如扩散角过大，可延长前池长度或将前池改为折线形、曲线形或增设导流墙减少扩散角，使水流均匀扩散。对于侧向进水池，水流在进入进水池前改变方向，产生回流及死水区，进水池隔墩首部也产生局部回流，进水池中水流产生绕水泵顺时针（或逆时针）的漩涡，流速和压力分布不均匀。在低水位运行时，进水池中还会出现时隐时现的表面漩涡。如果进水池设计不合理，在水泵进口周围产生环流、进气漩涡或涡带，可采取消除漩涡的措施。消除水面漩涡可加盖板或盖箱；消除附底漩涡可在池底设导水锥；消除附壁漩涡可在水泵进水口至后墙间设隔板。

2. 清除进水池的杂物

杂草、杂物等漂浮物吸入水泵后，缠绕在水泵叶轮上使水泵效率下降，坚硬的杂物甚至击毁叶片。因此，进水池前都应设置拦污栅，以防止杂草、杂物进入水泵，确保水泵的安全运行。

拦污栅的形状和尺寸，不仅影响工程投资，而且对泵站的效率和能耗有较大的影响。例如我国大型泵站的拦污栅，大部分都垂直设置，并利用进水流道的隔墩作支承，可节省工程投资。但这种结构形式却增加了清污的难度。排灌泵站运行季节，水草杂物特别多，人工清污工作强度高，很难及时清除杂物，大、中型泵站应采用机械清污，小型泵站可人工清污。

进水池中的淤泥，会使进水流态发生变化，影响水泵的效率。及时清淤使水流畅通，流态均匀，可以提高泵站效率。

3. 保证淹没深度

为防止发生有害漩涡，应保证水泵吸水管口或吸水喇叭口的最小淹没深度。如进水池底板过高，吸水管口悬空高度太小，进口阻力增大，水泵淹没深度不能满足要求，可采取降低进水池底板高程，同时降低水泵安装高程的措施改善进水条件。

必须指出，上述提高泵站效率的五个方面是相互影响、相互制约的。采取单一技术措施，可使某一部分的效率提高，不能保证泵站效率提高。因此，提高泵站效率必须采取综合技术措施。

三、泵站设备的更新改造

水泵经长期运行，零部件磨损，出水量减少，导致排灌面积减少、能耗增大、排灌作业成本提高。

设备更新要根据其使用年限、技术状况和经济效益等综合考虑。例如新泵节约的电费，能在 3～5 年内抵偿旧泵更新的总费用，则应进行更新。对于质量低劣的设备，经测试证明其技术状况很差，通过维修改善性能耗资较大，经济上不合理，应当更新。

要根据改造泵站的实际情况，选用性能指标好或按最新标准设计的优质产品，通过设备更新改造泵站配套更合理，多年平均泵站效率最高。

思 考 题 与 习 题

1. 机组试运行的目的是什么？

2. 水泵运行中应注意哪些问题？

3. 水锤防治的措施有哪些？各适用于什么场合？

4. 机组检修的目的和要求是什么？

5. 如何拆卸各类水泵？

6. 如何修理水泵的零部件？

7. 泵站有哪些技术经济指标？各项技术经济指标的含义是什么？

8. 泵站有哪些经济运行方案？

9. 如何确定水泵运行的最佳转速？

10. 如何确定叶轮的车削量？

11. 水泵变角运行有哪些经济运行方式？

12. 泵站建筑物管理包括哪些内容？

13. 泵站测试的项目有哪些？

14. 流量测试有哪些方法？各适用于什么场合？

15. 泵站技术改造的目标是什么？

16. 如何提高动力机的效率？

17. 如何提高传动装置的效率？

18. 如何提高水泵的效率？

19. 如何提高管路的效率？

20. 如何提高进、出水池的效率？

主要参考文献

[1] 刘家春，李少华，周艳坤. 泵站管理技术 [M]. 北京：中国水利水电出版社，2003.

[2] 沙鲁生. 水泵与水泵站 [M]. 北京：水利电力出版社，1993.

[3] 陈汇龙，闻建龙，沙毅. 水泵原理、运行维护与泵站管理 [M]. 北京：化学工业出版社，2004.

[4] 刘家春. 水泵与水泵站 [M]. 北京：中国水利水电出版社，1998.

[5] 刘家春，白桦，杨鹏志. 水泵与水泵站 [M]. 北京：中国建筑工业出版社，2008.

[6] 栾鸿儒. 水泵与水泵站 [M]. 北京：水利电力出版社，1993.

[7] 丘传忻. 泵站节能技术 [M]. 北京：水利电力出版社，1985.

[8] 丘传忻. 泵站 [M]. 北京：中国水利水电出版社，2004.

[9] 丘传忻，李继珊. 泵站改造 [M]. 北京：中国水利水电出版社，2005.

[10] 刘竹溪，刘景植. 水泵及水泵站 [M]. 北京：中国水利水电出版社，2006.

[11] 储训，刘复新. 中小型泵站设计与技术改造 [M]. 南京：河海大学出版社，2001.

[12] 泵站设计规范（GB/T 50265—97）[S]. 北京：中国计划出版社，1998.

[13] 泵站技术管理规程（SL 255—200）[S]. 北京：中国水利水电出版社，2001.

[14] 泵站安装及验收规范（SL 317—2004）[S]. 北京：中国水利水电出版社，2005.

[15] 泵站现场测试规程（SD 140—85）[S]. 北京：水利电力出版社，1985.

[16] 刘家春. 机井涌水量的确定方法 [J]. 给水排水，1994.（3）.

[17] 刘家春. 小型机井给水工程中的井泵选型 [J]. 水泵技术，1995.（2）.

[18] 刘家春. 泵站经济运行方案的确定 [J]. 水泵技术，1998（3）.

[19] 刘家春. 水利工程管理与产权制度改革 [J]. 河北水利水电技术，1999.（4）.

[20] 刘家春. 提高潜水电泵扬程适应地下水位的下降 [J]. 水泵技术，2000.（1）.

[21] 张子贤，刘家春. 水泵机组运行的可靠性研究 [J]. 水利学报，2000.（2）.

[22] 刘家春. 确定复杂抽水装置水泵工况点的数解法 [J]. 水泵技术，2001（3）.

[23] 刘家春. 高扬程泵站的水泵选型 [J]. 排灌机械，2001.（3）.

[24] 刘家春. 取水泵站经济运行转速的确定 [J]. 水泵技术，2003（2）.

[25] 刘家春. 排水泵站经济运行方案的确定 [J]. 徐州建筑职业技术学院学报，2005（2）.

[26] 刘家春. 串联泵站联合优化运行方案的确定 [J]. 水泵技术，2006（5）.

[27] 陈汉勋，刘黎. 水泵与水泵站 [M]. 郑州：黄河水利出版社，2001.

图书在版编目（CIP）数据

水泵运行原理与泵站管理/刘家春等编著 .—北京：中国水利水电出版社，2009（2019.7 重印）
21 世纪高职高专教育统编教材
ISBN 978 - 7 - 5084 - 6194 - 6

Ⅰ. 水…　Ⅱ. 刘…　Ⅲ.①水泵—运行—高等学校：技术学校—教材②泵站—管理—高等学校：技术学校—教材
Ⅳ. TH380.7　TV675

中国版本图书馆 CIP 数据核字（2008）第 212200 号

书　　名	21 世纪高职高专教育统编教材 **水泵运行原理与泵站管理**
作　　者	刘家春　杨鹏志　刘军号　马艳丽　编著　沙鲁生　主审
出版发行	中国水利水电出版社 （北京市海淀区玉渊潭南路 1 号 D 座　100038） 网址：www.waterpub.com.cn E - mail：sales@waterpub.com.cn 电话：(010) 68367658（营销中心）
经　　售	北京科水图书销售中心（零售） 电话：(010) 88383994、63202643、68545874 全国各地新华书店和相关出版物销售网点
排　　版	中国水利水电出版社微机排版中心
印　　刷	北京印匠彩色印刷有限公司
规　　格	184mm×260mm　16 开本　11.25 印张　267 千字
版　　次	2009 年 1 月第 1 版　2019 年 7 月第 4 次印刷
印　　数	8001—10000 册
定　　价	**37.00 元**